Python 程序设计基础与案例教程

陈福明 李晓丽 杨秋格 马晓华 编著

清 华 大 学 出 版 社

北京交通大学出版社

· 北京 ·

内 容 简 介

本书由基础部分和网络部分构成。本书基础部分从零开始，由浅入深，涵盖了 Python 程序设计的所有基础知识，既适合零基础的学生学习，也适合有一定编程基础的学生学习，还可以作为从事相关行业科研工作者的入门书籍。本书网络部分，可以进一步提高学生的应用能力，对于理工类各专业包括信息类专业的学生都有很强的实用性，是从事或打算从事 Python 网络开发工作的读者的学习精品。此外，本书针对基础部分还配套开发了微信小程序“建木 Python 学习考试王”，是广大师生对于 Python 学习和考试的好帮手。

图书在版编目(CIP)数据

Python 程序设计基础与案例教程/陈福明等编著.—北京：北京交通大学出版社：清华大学出版社，2020.8（2024.8 重印）

ISBN 978-7-5121-4245-9

I. ①P…　II. ①陈…　III. ①软件工具–程序设计–教材　IV. TP311.561

中国版本图书馆 CIP 数据核字（2020）第 109662 号

Python 程序设计基础与案例教程
PYTHON CHENGXU SHEJI JICHU YU ANLI JIAOCHENG

责任编辑：韩素华
出版发行：清 华 大 学 出 版 社　邮编：100084　电话：010－62776969
　　　　　北京交通大学出版社　邮编：100044　电话：010－51686414
印 刷 者：北京虎彩文化传播有限公司
经　　销：全国新华书店
开　　本：185 mm×260 mm　印张：19.5　字数：512 千字
版 印 次：2020 年 8 月第 1 版　2024 年 8 月第 3 次印刷
印　　数：3 301～3 600 册　定价：59.00 元

本书如有质量问题，请向北京交通大学出版社质监组反映。对您的意见和批评，我们表示欢迎和感谢。
投诉电话：010-51686043，51686008；传真：010-62225406；E-mail：press@bjtu.edu.cn。

前　言

“人生苦短，我用 Python”。由于 Python 语言的简洁性、易读性及可扩展性，全球使用 Python 的个人和机构日益增多，一些知名大学已经采用 Python 来教授程序设计课程，例如，卡耐基梅隆大学的编程基础、麻省理工学院的计算机科学及编程导论都使用 Python 语言讲授。众多开源的软件包都提供了 Python 的调用接口，如著名的计算机视觉库 OpenCV、三维可视化库 VTK、2D 游戏库 Cocos2d 和 3D 游戏库 Panda3d 等。

随着近年来人工智能的大热，Python 几乎成了机器学习、深度学习开发与研究者的标配。如 TensorFlow、keras、Pytorch、caffe 等要么全部采用 Python 作为开发语言，要么提供了完全的 Python 接口。在各种大数据的竞赛、在 Github 开源平台、在 Google 的各种开源计划中，到处都是 Python 的影子。

“众里寻他千百度，蓦然回首，那人却在灯火阑珊处”。本书是为有志于学习 Python 语言编程的读者而写。希望通过本书的学习，为现在或将来从事网络爬虫、网络开发、科学计算、数据分析、深度学习、机器学习等的读者提供一条较为容易入门的康庄大道。

本书由基础部分和网络部分构成，基础部分从零开始，由浅入深，涵盖了 Python 程序设计的所有基础知识点，既适合零基础的学生学习，也适合有一定编程基础的学生学习，还可以作为从事相关行业科研工作者的 Python 入门书籍。本书网络应用部分，可以进一步提高学生的应用能力，对于理工类各专业包括信息类各专业的学生都有很强的实用性。

本书前 15 章为基础部分，是本书的主要部分，涵盖了 Python 程序设计的所有基础知识点，而且第 14 章为巩固基础部分的综合应用实例。其中前 10 章包括注释、变量、数字数据类型、选择语句、循环语句、字符串、异常处理、高级数据类型、函数和模块，适合非信息类专业 32 学时的教学。第 11~15 章是基础部分的进阶部分，适合非信息类专业 48 学时、64 学时或信息类专业有选择地教学。第 16~21 章是网络应用部分，是本书的特色章节，涵盖了网络开发的所有内容，包括了爬虫、Socket 通信、Web 开发、WebSocket 开发及项目的云部署，以实例讲解为主，基本上占全书三分之一的内容。这部分内容是从事 Python 网络开发工作学习的精品，目前 Python 语言的应用中招聘最多的工作依然是 Python 网络开发。网络部分中 Web 开发和 WebSocket 开发实例是作者第一次发表，网络上基本没有见到相似的实例。

网络部分适合低年级信息类专业 64 学时以上的教学，或者有一定编程基础的高年级信息类专业 48 学时的教学，以提高实践能力，为学生今后从事 Python 网络开发类的工作打下良好的基础，同时，还适用有志于网络开发的各类读者学习。

本书在编写过程中，防灾科技学院的李晓丽老师编写了本书的部分内容并整理了课后习题，杨秋格老师编写了本书基础部分的一些内容，并测试了本书中全部代码，同时对本书的架构、章节提出了宝贵的建议，对本书的形成贡献良多。中国电力科学研究院有限公司《电网技术》杂志社的编辑马晓华整理和校对了本书的初稿并参与了本书部分内容的编写。此外，欧阳群波、孙晓叶、袁国铭、孙晓玲、王小英、张翔和刘帅等老师也对本书的架构、章节提出了宝贵的建议，这里一并表示衷心的感谢！

本书课后习题的答案、各章节的代码和课件都可以从 http://www.pythonlearning.com 网站（Python 学习网）中的 Python 教材导航页上找到并下载。该网站上还有一些期末考试试卷及其参考答案与评分标准，供使用本书的师生下载。该网站今后对本书还会进一步支持，具体进展，敬请关注该网站。此外，和本书配套的“建木 Python 学习考试王”微信小程序，里面有 Python 基础知识的选择题、填空题和判断题的分类学习、智能学习和综合练习供学生使用，同时还提供了面向教师的班级成绩、学生成绩详情查询功能及试卷初稿生成功能。今后准备增加其他题型的试题，以及对班级和学生成绩更详细的统计功能，读者可以在微信搜一搜中搜索“建木 Python 学习考试王”小程序即可。

因为个人水平所限，书中难免存在一定的错误，作者衷心希望广大读者多提宝贵意见，我们将在后续的版本中修订。

本书受到河北省物联网监控工程技术研究中心项目（No.3142016020）及河北省教育厅教育教学改革与实践项目（No.2018GJJG471）的资助。

2020 年 7 月

陈福明博士于北京市马甸桥南

目　录

第 1 章　Python 概述

学习目标

（1）Python 的起源。

（2）为什么要用 Python?

（3）Python 的特点。

（4）Python 的优缺点。

（5）Python的安装。

1.1　人生苦短 我用 Python

人生苦短，我用 Python —— Life is short，you need Python。图 1-1 为 Python 的创始人吉多・范・罗苏姆（Guido van Rossum）参加会议时的照片。

图1-1　吉多・范・罗苏姆参加会议时

欢迎开始Python的学习，本书将带您进入简单且实用的Python编程世界，让编程变成一种类似于Word、Excel这样的日常工具。

1.2　Python 的起源

Python 的创始人为吉多・范・罗苏姆。

（1）1989 年的圣诞节期间，吉多・范・罗苏姆（见图 1-2）为了在阿姆斯特丹打发时间，决心开发一个新的解释程序，作为 ABC 语言的一种继承。

（2）ABC 是由范・罗苏姆参加设计的一种教学语言，就罗苏姆本人看来，ABC 这种语言非常优美和强大，是专门为非专业程序员设计的。但是 ABC 语言并没有成功，对于没有成功的原因，罗苏姆认为是非开放造成的。范・罗苏姆决心在 Python 中避免这一错误，并获得了非常好的效果。

（3）之所以选中 Python（蟒蛇）作为程序的名字，因为他是 BBC 播放的电视剧——蒙提・派森的飞行马戏团（Monty Python’s Flying Circus）的爱好者。

（4）1991 年，第一个 Python 解释器诞生，它是用 C 语言实现的，并能够调用 C 语言的库文件。

图1-2　吉多·范·罗苏姆

1.2.1　解释器

学习 Python 语言，首先得了解什么是解释器。计算机不能直接理解任何除机器语言以外的语言，所以必须要把程序员所写的程序语言翻译成机器语言，计算机才能执行程序。将其他语言翻译成机器语言的工具，被称为编译器。

编译器翻译的方式有两种：一个是编译，另外一个是解释。两种方式之间的区别在于翻译时间点的不同。当编译器以解释方式运行的时候，也称之为解释器。

图 1-3 为编译型和解释型语言工作对比。

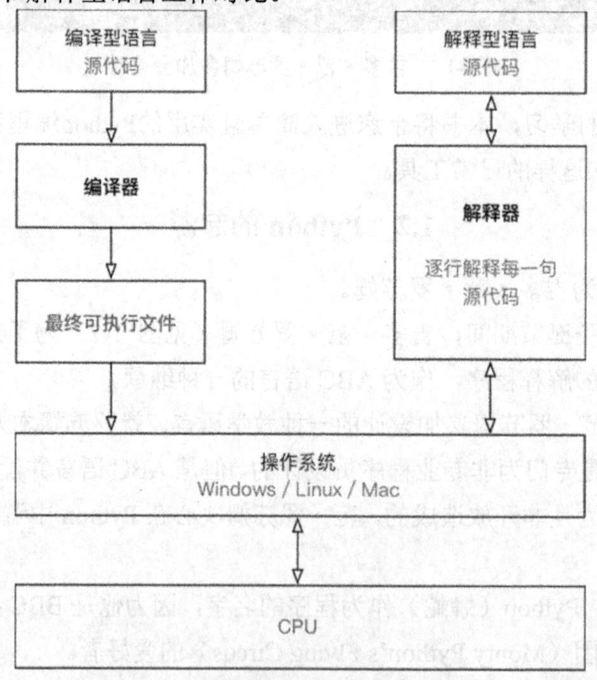

图1-3　编译型和解释型语言工作对比

1．编译型语言

程序在执行之前需要一个专门的编译过程，把程序编译成机器语言的文件，运行时不需要重新翻译，直接使用编译的结果就行了。程序执行效率高，依赖编译器，跨平台性差些，如 C、C++等。

2．解释型语言

解释型语言编写的程序不进行预先编译，以文本方式存储程序代码，会一句一句地直接运行代码。在发布程序时，看起来省了一道编译工序，但是在运行程序的时候，必须先解释再运行。Python 是解释型语言。

编译型语言和解释型语言对比如下。

（1） 速度——编译型语言比解释型语言执行速度快。

（2） 跨平台性——解释型语言比编译型语言跨平台性好。

1.2.2　Python 的设计目标

1999 年，吉多·范·罗苏姆向 DARPA 提交了一条名为 Computer Programming for Everybody 的资金申请，并在后来说明了他对 Python 的目标。

（1）一门简单直观的语言并与主要竞争者一样强大。

（2）开源，以便任何人都可以为它做贡献。

（3）代码像纯英语那样容易理解。

（4）适用于短期开发的日常任务。

这些想法基本都已经成为现实，Python 已经成为一门流行的编程语言。

1.2.3　Python 的设计哲学

（1）优雅。

（2）明确。

（3）简单。

Python 开发者的哲学是：用一种方法，最好是只有一种方法来做一件事。如果面临多种选择，Python 开发者一般会拒绝花哨的语法，而选择明确没有或很少有歧义的语法。

在 Python 社区，罗苏姆被称为“仁慈的独裁者”。

1.3　为什么选择 Python

（1）代码量少。

（2）维护成本低。

（3）编程效率高。

同一个问题，用不同的语言解决，代码量的差距还是很大的，一般情况下 Python 的代码量是 Java 的 1/5，所以说“人生苦短，我用 Python”。

1.4 Python 的特点

1. Python 具有通用性

Python 语言可以用于几乎任何与程序设计相关应用的开发，不仅适合训练编程思维，更适合诸如数据分析、机器学习、人工智能、Web 开发等具体的技术领域。

2. Python 语法简洁

Python 语法主要用来精确表达问题逻辑，更接近自然语言，只有 33 个保留字，十分简洁。

3. Python 生态高产

Python 解释器提供了几百个内置类和函数库，此外，世界各地的程序员通过开源社区贡献了十几万个第三方函数库，几乎覆盖了计算机技术的各个领域，编写 Python 程序可以大量利用已有内置或第三方代码，具备良好的编程生态。

除了 Python 语法的三个重要特点外，Python 3 程序还有一些具体特点，如平台无关、强制可读和支持中文。

（1）平台无关。Python 程序可以在任何安装解释器的计算机环境中执行，因此，可以不经修改地实现跨操作系统运行。

（2）强制可读。Python 通过强制缩进（类似文章段落的首行空格）来体现语句间的逻辑关系，显著提高了程序的可读性，进而增强了 Python 程序的可维护性。

（3）支持中文。Python 3.x 版本采用 Unicode 编码表达所有字符信息。Unicode 是一种国际通用表达字符的编码体系，这使得 Python 程序可以直接支持英文、中文、法文、德文等各类自然语言字符，在处理中文时更加灵活且高效。

此外 Python 还有一些其他重要特性。

1）Python 是完全面向对象的语言

（1）函数、模块、数字、字符串都是对象，在 Python 中一切皆对象。

（2）完全支持继承、重载、多重继承。

（3）支持重载运算符，也支持泛型设计。

2）Python 拥有一个强大的标准库

Python 语言的核心只包含数字、字符串、列表、字典、文件等常见类型和函数，而由 Python 标准库提供了系统管理、网络通信、文本处理、数据库接口、图形系统、XML 处理等额外的功能。

3）Python 社区提供了大量的第三方模块（三方库）

Python 大量的第三方模块，使用方式与标准库类似。它们的功能覆盖科学计算、人工智能、机器学习、Web 开发、数据库接口、图形系统等多个领域。

1.5　Python 的优缺点

1.5.1　优点

（1）简单、易学。

（2）免费、开源。

（3）面向对象。

（4）丰富的第三方模块（三方库）。

（5）可扩展性。

如果需要一段关键代码运行得更快或希望某些算法不公开，可以把这部分程序用 C 或 C++ 编写，然后在 Python 程序中使用它们。

1.5.2　缺点

（1）运行速度慢。

（2）移动开发很少。

（3）版本兼容性不好。

运行速度慢这一缺点，可以通过寻找合适的第三方模块，或者干脆自己用 C 语言给 Python 实现一个模块，基本上可以解决。此外，根据二八定律，一个软件只有 20%的代码是核心代码，是经常用的代码，只需要优化和提高这部分代码的速度就可以显著提高软件的运行速度，因此，大家可以只集中精力优化和提高核心部分的运行速度即可，其他 80%的部分基本上是不在乎速度的，完全可以用 Python 快速实现。

1.6　Python 的安装

1.6.1　下载和安装

在 Windows 下安装，在浏览器地址栏输入 https://www.python.org/downloads/windows/，找到自己想安装的 Python 的版本（注意操作系统是否为 64 位）下载并安装，Python 的版本最好选择 3.5 以上的，因为很多三方库要求 Python 的版本在 3.5 以上（见图 1-4）。在 Windows 下安装，建议下载 Windows 版的可执行安装包安装，这样安装完成后可以直接关联.py 文件；并且安装时，对于 3.5 以上版本，如果勾选了“Add Python 3.x to PATH”选项，那么就可以在直接命令行下运行 Python，这非常适合于初学者。

在 Linux 系统下安装，在地址栏输入 https://www.python.org/downloads/source/，下载相应的源代码编译安装，第 21 章会详细介绍，这里就不做进一步说明了。

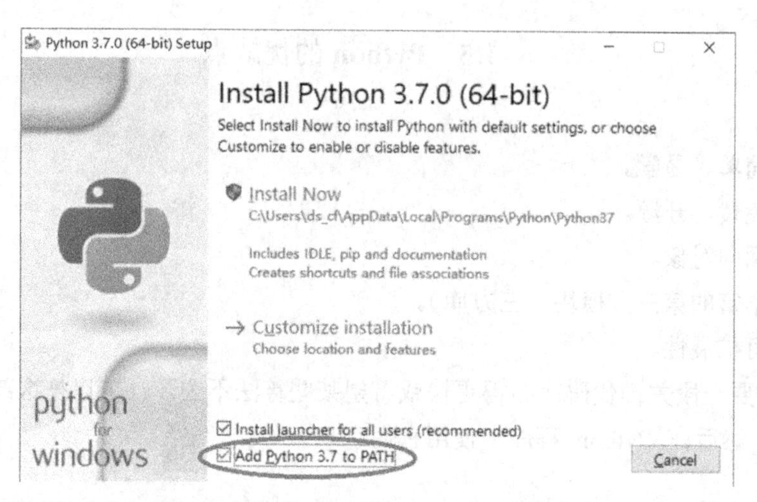

图1-4　勾选【Add Python 3.x to PATH】

1.6.2　搜索路径设置

安装完成后，在相应的 Linux 或 Windows 操作系统中，给环境变量 PATH 中添加 Python 可执行程序的搜索路径（Windows 版的 3.5 以上版本的可执行安装包，勾选“Add Python 3.x to PATH”的搜索路径已经设置)。初学者这一步骤可暂时不学，建议初学者下载 Windows 下的 Python 3.5 以上版本的可执行安装包，勾选“Add Python 3.x to PATH”即可。

习　题

一、简答题

（1）Python 有哪些特点?

（2）编译型语言和解释型语言有哪些相同和不同之处？Python 是哪一类型语言？

二、下载并安装 Python 3.x。

第 2 章　第一个 Python 程序

学习目标

（1）深入了解 Python 程序。

（2）Python 2.x 与 3.x 版本简介。

（3）执行 Python 程序的 3 种方式。

- 解释器——Python / Python 3。
- 交互式——ipython。
- 集成开发环境 IDE。

2.1　Hello Python

2.1.1　Python 源程序的基本概念

Python 源程序就是一个特殊格式的文本文件，可以使用任意文本编辑软件做 Python 的开发。如 Windows 下的记事本，Linux 下的 vi 等。Python 程序的文件扩展名通常都是.py 或.pyw。具体步骤如下。

（1）Python 下载安装完成后，在桌面上新建“认识 Python”文件夹。

（2）在“认识 Python”文件夹下新建 hellopython.py 文件。

（3）使用记事本等文本编辑器编辑 hellopython.py 并且输入以下内容：

```
print("Hello Python")
print("你好！Python！")
```

在 Linux 或 Windows 终端中输入以下命令，执行 hellopython.py（在 Linux 或 Windows 系统中需要提前安装 Python 并设置了搜索路径）：

```
$ python hellopython.py
C:\> python hellopython.py
```

上面$打头的是 Linux 系统中的提示符，C:\>打头的是 Windows 系统中的 cmd 提示符。此外，在 Windows 系统中只要安装了 Python，就可以在文件夹中右击 hello-python.py 文件，选择 Edit with IDLE 打开文件，然后按 F5 键运行。

print 是 Python 中我们学习的第一个函数。print 函数的作用，可以把双引号""内部的内容输出到屏幕上。

2.1.2　演练扩展——认识错误（bug）

1．关于错误

（1）编写的程序不能正常执行，或者执行的结果不是我们期望的。

（2）错误俗称 bug，是程序员在开发时非常常见的，初学者常见的错误原因包括以下几种。

•手误。

•对已经学习过的知识理解还存在不足。

•对语言还有需要学习和提升的内容。

(3)在学习语言时，不仅要学会语言的语法，还要学会如何认识错误和解决错误的方法。每一个程序员都是在不断地修改错误中成长的。

2．第一个演练中的常见错误

（1）手误，例如，使用 pirnt("Hello world")。

NameError: name 'pirnt' is not defined

名称错误：'pirnt' 名字没有定义。

（2）将多条 print 写在一行。

SyntaxError: invalid syntax

语法错误：语法无效。每行代码负责完成一个动作。

（3）缩进错误。

IndentationError: unexpected indent

缩进错误：不期望出现的缩进。

这里要强调的是：

•Python 是一个格式非常严格的程序设计语言。

•目前而言，每行代码前面都不要增加空格。

（4）Python 2.x 默认不支持中文。

目前市场上有两个 Python 的版本并存着，分别是 Python 2.x 和 Python 3.x。

① Python 2.x 默认不支持中文。

② Python 2.x 的解释器名称是 python，可以建立链接名 python2。

③ Python 3.x 的解释器名称也是 python，和 Python 2 共存的时候，建议建立链接名 python 3。

例如，下面的错误：

SyntaxError: Non-ASCII character '\xe4' in file HelloPython.py on line 3,
but no encoding declared;
see http://python.org/dev/peps/pep-0263/ for details

语法错误：在 hellopython.py 中第 3 行出现了非 ASCII 字符 '\xe4'，但是没有声明文件编码。要知道的是：

•ASCII 字符只包含 256 个字符，不支持中文。

•有关字符编码的问题，后续会讲。

对于错误，请访问 http://python.org/dev/peps/pep-0263/ 了解详细信息。大家需要掌握常见错误单词。

常见错误单词如下：

- error 错误
- name 名字
- defined 已经定义
- syntax 语法
- invalid 无效
- Indentation 索引
- unexpected 意外的，不期望的
- character 字符
- line 行
- encoding 编码
- declared 声明
- details 细节，详细信息
- ASCII 一种字符编码

2.2 Python 2.x 与 3.x 版本简介

市场上有两个 Python 的版本并存，分别是 Python 2.x 和 Python 3.x，Python 程序建议使用 Python 3.0 版本的语法。

1. Python 2.x 是过去的版本

该版本解释器名称是 python。

2. Python 3.x 是现在和未来主流的版本

（1）解释器名称也是 python。

（2）相对于 Python 的早期版本，这是一个较大的升级。

（3）为了不带入过多的累赘，Python 3.0 在设计的时候没有考虑向下兼容。许多早期 Python 版本设计的程序都无法在 Python 3.0 上正常执行。

（4）Python 3.0 发布于 2008 年。

（5）到目前为止，Python 3. 0 的稳定版本已经有很多年了。

3. 为了照顾现有的程序，官方提供了一个过渡版本—— Python 2.6

（1）基本使用了 Python 2.x 的语法和库。

（2）同时考虑了向 Python 3.0 的迁移，允许使用部分 Python 3.0 的语法与函数。

（3）2010 年中推出的 Python 2.7 被确定为最后一个 Python 2.x 版本。

（4）Python 2.x 现在基本上被淘汰了。

新开发的 Python 程序基本上都是 Python 3.x 的，而且旧的 Python 2.x 的程序也逐渐地被迁移到了 Python 3.x 了，因此 Python 2.x 基本上被淘汰了。

2.3 执行 Python 程序的三种方式

执行 Python 的方式有解释器、交互式和集成开发环境（IDE）。下面逐一进行介绍。

2.3.1 解释器

1. Python 的解释器

使用 python 3.x 解释器（用户建立了 Python 的搜索路径）：

```
$ python xxx.py
C:\ > python xxx.py
```

上面以$打头的命令是在 Linux 系统下的运行方式，以 C:\ >打头的是在 Windows 系统下 cmd 中的运行方式。

2. Python 的其他解释器

如今有多个语言的实现，包括以下几种。

（1）CPython —— 官方版本的 C 语言实现。

（2）Jython —— 可以运行在 Java 平台。

（3）IronPython —— 可以运行在 .NET 和 Mono 平台。

（4）PyPy —— Python 实现的，支持 JIT （即时编译）。

2.3.2 交互式运行 Python 程序

交互式最常用的是 Python Shell，直接在命令行中输入 python 回车就会进入官方的交互式解释器。

1. 交互式运行 Python 程序的特点

（1）交互式编程不需要创建脚本文件，通过 Python 解释器的交互模式进行编写代码。

（2）直接在终端中运行解释器，而不输入要执行的文件名。

（3）在 Python 的 Shell 中直接输入 Python 的代码，会立即看到程序执行结果。

2. 交互式运行 Python 的优缺点

1）优点

适合于学习/验证 Python 语法或局部代码。

2）缺点

（1）代码不能保存。

（2）不适合运行太大的程序。

3. 退出官方的交互式解释器

（1）直接输入 exit()。

```
>>> exit()
```

（2）使用热键退出。在 python 解释器中，按热键 ctrl + d 可以退出解释器。

4. IPython

IPython 中的 I 代表交互 interactive。

1）IPython 的特点

（1）IPython 是一个 Python 的交互式 Shell，比默认的 Python Shell 好用。

•支持自动补全。

•自动缩进。

•支持 bash shell 命令。

•内置了许多很有用的功能和函数。

（2）IPython 是基于 BSD 开源的。

2）IPython 版本

（1）Python 2.x 使用的解释器是 ipython。

（2）Python 3.x 使用的解释器也是 ipython，和 Python 2.x 共存的时候，建议改为链接 ipython3。

3）IPython 的运行

运行 IPython 只需要在命令行下输入 ipython 回车即可(用户建立了 Python 的搜索路径)：

```
$ ipython
C:\ > ipython
```

上面以$打头的命令是在 Linux 系统下的运行方式，以 C:\ >打头的是在 Windows 系统下 cmd 中的运行方式。运行后，会出现类似下面的界面：

```
Python 3.6.6 (v3.6.6:4cf1f54eb7, Jun 27 2018, 03:37:03) [MSC v.1900 64 bit (AMD64)]
Type 'copyright', 'credits' or 'license' for more information
IPython 6.4.0 -- An enhanced Interactive Python. Type '?' for help.
In [1]:
```

4）退出 IPython 解释器

要退出解释器可以有以下两种方式。

（1）直接输入 exit。

```
In [1]: exit
```

（2）使用热键退出。在 IPython 解释器中，按热键 ctrl + d，IPython 会询问是否退出解释器。

5）IPython 的安装（一般安装 Python 的时候已经默认安装了)。

```
$ sudo apt install ipython
C:\ >pip install ipython
```

上面以$打头的命令是在 Linux 系统下的运行方式，以 C:\ >打头的是在 Windows 系统下

cmd 中的运行方式，在 Windows 系统下需要提前设置 Python 的搜索路径。

5. 后续程序代码说明

本书后续所有举例的程序代码，以 3 个大于号“>>>”打头的都是用 Python 解释器的交互模式举例的，以“In [1]:”打头的，其中数字 1 可以换成其他数字的，是用 IPython 举例的，其他直接写出多行代码的，是在记事本或是 IDE 中写成并调试成功的。什么是 IDE？下面就详细介绍一下。

2.3.3 Python 的 IDE —— IDLE

1. 集成开发环境（IDE）

集成开发环境（integrated development environment，IDE）—— 集成了开发软件需要的所有工具，一般包括以下工具。

- 图形用户界面。
- 代码编辑器（支持代码补全 / 自动缩进）。
- 编译器 / 解释器。
- 调试器（断点 / 单步执行）。

Python 的集成开发环境（IDE）有很多，如 PyCharm、Spyder 等，其中 Python 自带的简洁的集成开发环境是 IDLE。

2. IDLE 介绍

（1）IDLE 是 Python 自带的一款简洁的集成开发环境。

（2）IDLE 除了具有一般 IDE 所必备功能外，还可以在 Windows、Linux、macOS 系统下使用。

（3）IDLE 适合开发中小型项目。

- 一个项目通常会包含很多源文件。
- 每个源文件的代码行数是有限的，通常在几百行之内。
- 每个源文件各司其职，共同完成复杂的业务功能。

Python 安装后，默认自带此工具，通过启用菜单开始|程序|Python 2.X/3.X| IDLE （Python GUI）就打开了 Python Shell，可以输入语句命令进行交互练习。如图 2-1 所示。

3. IDLE 快速体验

打开 IDLE 的 Python Shell 菜单 File|New File(Ctrl+N)，可以打开 Python 文件编辑器（右击任何一个.py 文件，在弹出菜单中选择“Edit with IDLE”，也可以调用 IDLE，打开这个.py 文件然后进行调试）。

（1）文件（File）菜单能够新建 / 定位 / 打开 Python 文件。

（2）文件编辑区域能够编辑当前打开的文件。

（3）运行（Run）菜单能够执行（F5）代码。

图 2-2 为 IDLE 编辑器。

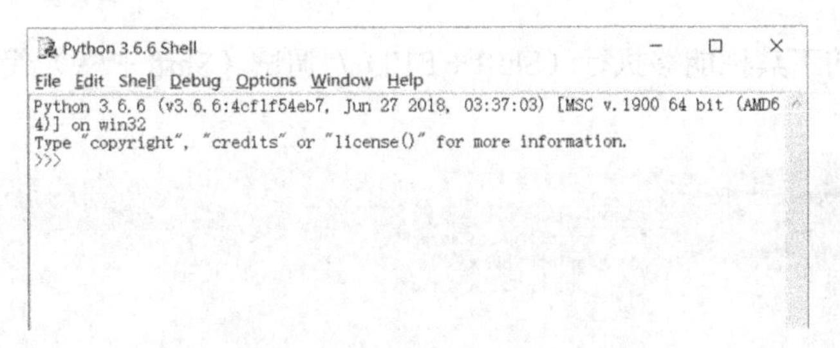

图 2-1　IDLE 的 Python Shell

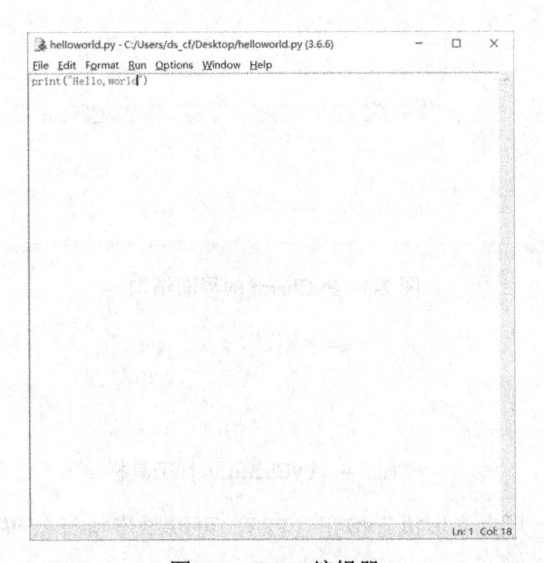

图 2-2　IDLE 编辑器

2.3.4　Python 的 IDE —— PyCharm

1. PyCharm 介绍

（1）PyCharm 是 Python 的一款非常优秀的集成开发环境。

（2）PyCharm 除了具有一般 IDE 所必备功能外，还可以在 Windows、Linux、macOS 系统下使用。

（3）PyCharm 适合开发大型项目。

- 一个项目通常会包含很多源文件。
- 每个源文件的代码行数是有限的，通常在几百行之内。
- 每个源文件各司其职，共同完成复杂的业务功能。

图 2-3 为 PyCharm 的界面结构。

2. PyCharm 快速体验

（1）文件导航区域能够浏览 / 定位 / 打开项目文件。

（2）文件编辑区域能够编辑当前打开的文件。

（3）控制台区域能够输出程序执行内容或跟踪调试代码的执行。

（4）右上角的工具栏能够执行（Shift + F10）/ 调试（Shift + F9）代码，如图 2-4 所示。

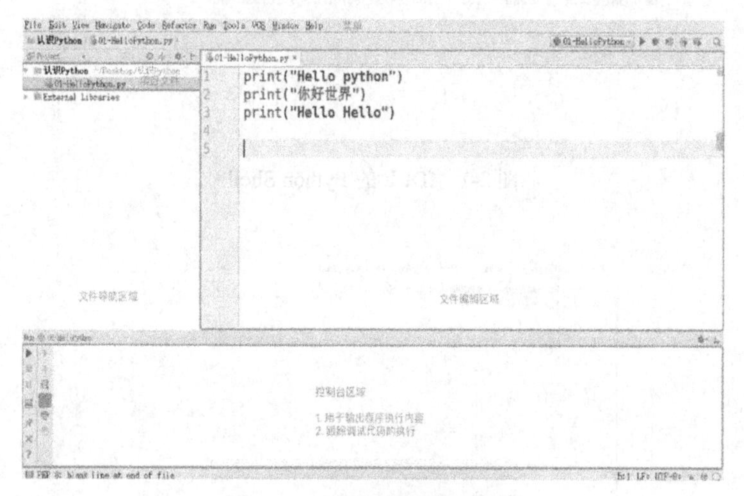

图 2-3　PyCharm 的界面结构

图 2-4　PyCharm 运行工具栏

（5）通过控制台上方的单步执行按钮（F8），可以单步执行代码，如图 2-5 所示。

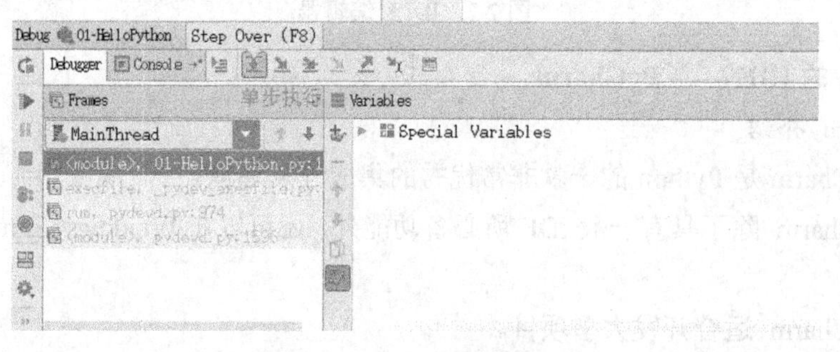

图 2-5　PyCharm 单步执行

习　题

简答题

1. 执行 Python 有哪 3 种方式？
2. 简单介绍 2 种以上用于 Python 开发的 IDE。

第3章　注释与变量

学习目标

（1）注释的作用。

（2）单行注释（行注释）。

（3）多行注释（块注释）。

（4）标识符和关键字。

（5）变量的命名规则。

（6）变量定义。

（7）变量的类型。

（8）变量的命名。

3.1　注　　释

3.1.1　注释的作用

使用自己熟悉的语言，在程序中对某些代码进行标注说明，增强程序的可读性。注释主要是为了解释程序段，以及屏蔽不被再次利用的代码。一般编程语言的注释分两种：单行注释和多行注释。在 C 语言里，单行注释最常用的是//，多行注释最常用的是/* */。Python 里单行注释常用#，多行注释常用 3 对单引号''' '''或 3 对双引号""" """。

3.1.2　单行注释（行注释）

1. 整行的单行注释

以#开头，#右边的所有字符都被当作说明文字，而不是真正要执行的程序，只起到辅助说明作用。

示例代码如下：

```
#这是第一个单行注释
print("hello python")
```

为了保证代码的可读性，#后面建议先添加一个空格，然后再编写相应的说明文字。

2. 代码后面增加的单行注释

在程序开发时，同样可以使用#在代码的后面（旁边）增加说明性的文字，但是，需要注意的是，为了保证代码的可读性，注释和代码之间至少要有两个空格。

示例代码如下：

```
print("hello python")   # 输出 'hello python'
```

3.1.3 多行注释（块注释）

如果希望编写的注释信息很多，一行无法显示，就可以使用多行注释。要在 Python 程序中使用多行注释，可以用一对连续的三个引号（单引号或双引号都可以）。

示例代码如下：

```
"""
这是一个多行注释
在多行注释之间，可以写很多很多的内容……
"""
print("hello python")
```

3.1.4 什么时候需要使用注释

（1）注释不是越多越好，对于一目了然的代码，不需要添加注释。

（2）对于复杂的操作，应该在操作开始前写上若干行注释。

（3）对于不是一目了然的代码，应在其行尾添加注释（为了提高可读性，注释应该至少离开代码 2 个空格）。

（4）绝不要描述代码，假设阅读代码的人比你更懂 Python，他只是不知道你的代码要做什么。

其实有一种简单而实用的方法，就是假定你写的程序在一年之后，要求你自己能很快看懂，那么，你应当在你现在编写的代码中加什么样的注释呢？

在一些正规的开发团队，通常会有代码审核的惯例，就是一个团队中彼此阅读对方的代码。

3.1.5 关于代码规范

Python 官方提供有一系列 PEP（Python enhancement proposals）文档。PEP 文档第 8 篇专门针对 Python 的代码格式给出了建议，也就是俗称的 PEP 8。文档地址：https://www.python.org/dev/peps/pep-0008/。谷歌有对应的中文文档：http://zh-google-styleguide.readthedocs.io/en/latest/google-python-styleguide/python_style_rules/。

任何语言的程序员，编写出符合规范的代码，是开始程序生涯的第一步。

3.2 变量的命名

3.2.1 标识符和关键字

1. 标识符

标识符就是程序员定义的变量名、函数名。名字需要有见名知义的效果，而且标识符有以下要求。

（1）标识符可以由字母、下画线和数字组成。

（2）不能以数字开头。

（3）不能与关键字重名。

思考：下面的标识符哪些是正确的，哪些是不正确的，为什么？

fromNo12

from#12

my_Boolean

my-Boolean

Obj2

2ndObj

myInt

My_tExt

_test

test!32

haha(da)tt

jack_rose

jack&rose

GUI

G.U.I

2. 关键字

（1）关键字就是在 Python 内部已经使用的标识符。

（2）关键字具有特殊的功能和含义。

（3）开发者不允许定义和关键字相同名字的标识符。

通过以下命令可以查看 Python 中的关键字：

```
>>>import keyword
>>>print(keyword.kwlist)
['False', 'None', 'True', 'and', 'as', 'assert', 'break', 'class', 'continue', 'def', 'del', 'elif', 'else', 'except', 'finally', 'for', 'from', 'global', 'if', 'import', 'in', 'is', 'lambda', 'nonlocal', 'not', 'or', 'pass', 'raise', 'return', 'try', 'while', 'with', 'yield']
```

★**提示：**关键字的学习及使用，会在后面的课程中不断介绍。

此外，import 关键字可以导入一个“模块”，在 Python 中，不同的模块提供不同的功能。

3.2.2　变量的命名规则

命名规则可以被视为一种惯例，并无绝对与强制，目的是增加代码的识别和可读性。变量名也是标识符，要符合标识符的命名要求。

需要注意的是，Python 中的标识符是区分大小写的。此外，在变量定义时，为了保证代码格式，“=”的左右应该各保留一个空格。

变量命名可以遵循下画线连接命名法和驼峰命名法两种规则，但是两种规则最好不要混用。

1. 下画线连接命名法

在 Python 中，如果变量名需要由两个或多个单词组成时，可以按照以下方式命名。

（1）每个单词都使用小写字母。

（2）单词与单词之间使用_（下画线）连接。

例如，first_name、last_name、qq_number、qq_password。

2. 驼峰命名法

当变量名是由两个或多个单词组成时，还可以利用驼峰式命名法（见图 3-1）来命名。

（1）小驼峰式命名法。第一个单词以小写字母开始，后续单词的首字母大写。例如，firstName、lastName。

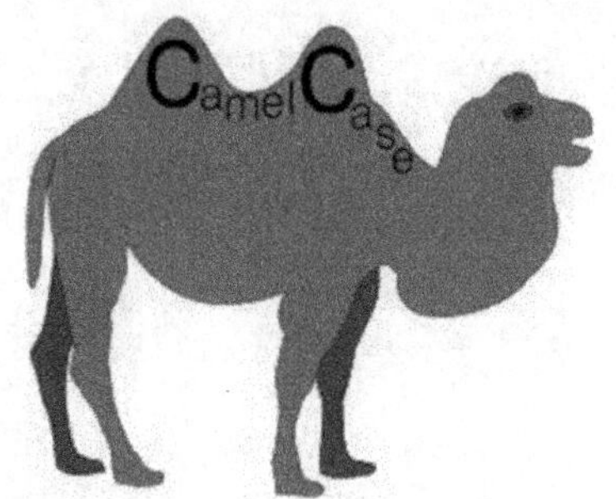

图 3-1　驼峰式命名法

（2）大驼峰式命名法。每一个单词的首字母都采用大写字母。例如，FirstName、LastName、CamelCase。

习惯上，小驼峰式命名法经常用来命名函数名、变量名和方法名；大驼峰式命名法经常用来命名类名。关于类和面向对象的概念及类的方法，后面会详细介绍。

3.3　变量的使用

程序就是用来处理数据的，而变量就是用来存储数据的。Python 中的变量不需要先做类型声明。每个变量在使用前都必须赋值，一个变量赋值以后才被真正创建，并有了数据类型，当下次该变量被重新赋值时，原来的变量消失，新的类型变量被创建。

3.3.1　变量定义

（1）在 Python 中，每个变量在使用前都必须赋值，变量在被赋值以后，该变量才会被创建。

（2）变量定义格式：

```
变量名 = 值
```

（3）等号（=）是用来给变量赋值的。

- = 左边是一个变量名；

- = 右边是存储在变量中的值。

变量定义之后，后续就可以直接使用了。没有被赋值的变量，只能被赋值，不能直接用于其他运算。

1. 变量演练 1——交互式 Python

定义 qq_number 的变量用来保存 qq 号码：

```
>>>qq_number = "1234567"
```

输出 qq_number 中保存的内容：

```
>>>qq_number
'1234567'
```

定义 qq_password 的变量用来保存 qq 密码：

```
>>>qq_password = "123"
```

输出 qq_password 中保存的内容：

```
>>>qq_password
 '123'
```

上面是使用 Python 自带的解释器进行交互的。使用交互式方式，如果要查看变量内容，直接输入变量名即可，不需要使用 print 函数。

2. 变量演练 2—— IDE

Python 的 IDE（如 IDLE 或 PyCharm）中输入下面的程序代码并运行：

```
# 定义 qq 号码变量
qq_number = "1234567"
# 定义 qq 密码变量
qq_password = "123"
# 在程序中，如果要输出变量的内容，需要使用 print 函数
print(qq_number)
print(qq_password)
```

使用 IDE 执行，如果要输出变量的内容，必须使用 print 函数。

3. 变量演练 3——超市买苹果

（1）可以用其他变量的计算结果来定义变量。

（2）变量定义之后，后续就可以直接使用了。

需求：

- 苹果的价格是 8.5 元/kg；
- 买了 7.5 kg 苹果；
- 计算付款金额。

```
# 定义苹果价格变量
```

```
price = 8.5
# 定义购买质量
weight = 7.5
# 计算金额
money = price * weight
print(money)
```

4. 思考题

- 如果只要买苹果，就返 5 块钱。
- 请重新计算购买金额。

```
# 定义苹果价格变量
price = 8.5
# 定义购买质量
weight = 7.5
# 计算金额
money = price * weight
# 只要买苹果就返 5 元
money = money - 5
print(money)
```

5. 提问

（1）上述代码中，一共定义有几个变量？

- 3 个：price / weight / money

（2）money = money - 5 是在定义新的变量还是在使用变量？

- 直接使用之前已经定义的变量。
- 变量名只有在第一次出现才是定义变量。
- 变量名再次出现，不是定义变量，而是直接使用之前定义过的变量。

（3）在程序开发中，可以修改之前定义变量中保存的值吗？

- 可以。
- 变量中存储的值，是可以变的。

3.3.2 变量的类型

在内存中创建一个变量，会包括以下几项。

- 变量的名称。
- 变量保存的数据。
- 变量存储数据的类型。
- 变量的地址（标示）。

1. 变量类型的演练——个人信息

1）需求

定义变量保存小明的个人信息

•姓名：小明

•年龄：18 岁

•性别：男生

•身高：1.75 m

•体重：75.0 kg

利用单步调试确认变量中保存数据的类型。

2）提问

（1）在演练中，一共有几种数据类型？

4 种，分别是 str —— 字符串；bool —— 布尔（真假）；int —— 整数；float —— 浮点数（小数）。

（2）在 Python 中定义变量时需要指定类型吗？

•不需要。

•Python 可以根据=（等号）右侧的值，自动推导出变量中存储数据的类型。

通过前面的演练，可以看出在 Python 中定义变量是不需要指定类型的（在其他很多高级语言中都需要），而是通过赋值右侧表达式的结果来确定变量的数据类型的。Python 的数据类型有很多分类方法，下面简单介绍 Python 的数据分类方法。

2.根据是否是数字，数据类型可以分为数字型和非数字型

1）数字型

•整型（int）。

•浮点型（float）。

•布尔型（bool）。

*真 True（非 0 数）——非零即真。

*假 False（0）。

•复数型 (complex)。

数字型主要用于科学计算，如平面场问题、波动问题、电感电容等问题。

2）非数字型

•字符串。

•列表。

•元组。

•字典。

•集合。

★提示：在 Python 2.x 中，整数根据保存数值的长度还分为：

•int（整数）。

•long（长整数）。

使用 type 函数可以查看一个变量的类型：

```
type(name)
```

3.根据复杂性，数据类型分为简单类型和高级类型

1）简单类型

•整型 (int)。

•浮点型（float）。

•布尔型（bool）。

•复数型 (complex)。

•字符串。

2）高级类型

•列表。

•元组。

•集合。

•字典。

4. 不同类型变量之间的计算

1）数字型变量之间可以直接计算

（1）在 Python 中，两个数字型变量是可以直接进行算术运算的。

（2）如果变量是 bool 型，在计算时：

•True 对应的数字是 1；

•False 对应的数字是 0。

课堂演练步骤：

（1）定义整数 i = 10。

（2）定义浮点数 f = 10.5。

（3）定义布尔型 b = True。

（4）在交互式 Python 中，使用上述 3 个变量相互进行算术运算。

2）字符串变量之间使用“+”拼接字符串

在 Python 中，字符串之间可以使用“+” 拼接生成新的字符串。

```
>>> first_name = "福明"
>>> last_name = "陈"
>>> first_name + last_name
'福明陈'
```

3）字符串变量可以和整数使用“*”重复拼接相同的字符串

```
>>> "-" * 50
'--------------------------------------------------'
```

4）数字型变量和字符串之间不能进行其他计算

```
>>> first_name = "zhang"
>>> x = 10
>>> x + first_name
---------------------------------------------------------------------------
TypeError: unsupported operand type(s) for +: 'int' and 'str'
```

类型错误：'+'不支持的操作类型：'int'和'str'。

3.3.3　变量的输入

所谓输入，就是用代码获取用户通过键盘输入的信息。例如，去银行取钱，在 ATM（automatic teller machine，自动柜员机）上输入密码。在 Python 中，如果要获取用户在键盘上的输入信息，需要使用到 input 函数。

1. 关于函数

（1）一个提前准备好的功能（别人或自己写的代码），可以直接使用，而不用关心内部的细节。

（2）目前已经学习过的函数，见表 3-1。

表 3-1　已学过的函数

函数	说明
print(x)	将 x 输出到控制台
type(x)	查看 x 的变量类型

函数后面会详细介绍，这里只是简单了解。

2. input 函数实现键盘输入

（1）在 Python 中可以使用 input 函数从键盘等待用户的输入。

（2）用户输入的任何内容 Python 3 都认为是一个字符串。

（3）语法如下：

字符串变量 = input("提示信息：")

```
>>> s = input('Please input:')
Please input:12
>>> s
'12'
>>> type(s)
```

<class 'str'>

3. 类型转换函数

表 3-2 为类型转换函数。

表 3-2 类型转换函数

函数	说明
int(x)	将 x 转换为一个整数
float(x)	将 x 转换到一个浮点数

4. 变量输入演练——超市买苹果增强版

需求：

•收银员输入苹果的价格，单位：元 / kg

•收银员输入用户购买苹果的质量，单位：kg

•计算并且输出付款金额。

演练方式 1：

```
# 1. 输入苹果单价
price_str = input("请输入苹果价格：")
# 2. 要求苹果重量
weight_str = input("请输入苹果质量：")
# 3. 计算金额
# 1> 将苹果单价转换成小数
price = float(price_str)
# 2> 将苹果质量转换成小数
weight = float(weight_str)
# 3> 计算付款金额
money = price * weight
print(money)
```

提问：

（1）演练中，针对价格定义了几个变量？

•两个。

•price_str 记录用户输入的价格字符串。

•price 记录转换后的价格数值。

（2）思考——如果开发中，需要用户通过控制台输入很多个数字，针对每一个数字都要定义两个变量，方便吗？

演练方式 2—— 买苹果改进版：

定义一个浮点变量接收用户输入的同时，就使用 float 函数进行转换：

```
price = float(input("请输入价格:"))
```

改进后的好处：

（1）节约空间，只需要为一个变量分配空间。

（2）起名字方便，不需要为中间变量起名字。

改进后的缺点：

初学者需要知道两个函数能够嵌套使用，稍微有一些难度。

★**提示：**如果输入的不是一个数字，程序执行时会出错，有关数据转换的高级话题，后续会进一步讲述。

3.3.4　eval 函数

演练方式 3——买苹果 eval 版：

定义一个浮点变量接收用户输入的同时，就使用 eval 函数进行转换：

```
price = eval(input("请输入价格:"))
```

eval 函数的功能如下。

（1）eval 函数的参数必须是字符串。所以经常和 input 联合使用。

（2）eval 函数的功能，通俗地说，就是先去掉字符串的一对引号，使得字符串变成表达式。

（3）eval 函数的最终功能，就是返回表达式经过计算的值。

```
la=20
lb = eval("la")        #相当于 lb=la
print(lb)
#结果是 20
```

演练 1：

```
la=20
lb = eval("la+2")      #相当于 lb=la+2
print(lb)
#结果是 22
```

演练 2：

```
lb = eval("la+2") #相当于 lb=la+2，而 la 没有赋值，直接报错
print(lb)
#第一行报错，print(lb)不执行
```

课后演练：把演练方式 1 中的代码转换为用 eval 函数，把输入的字符串转换为相应的类型。

3.3.5 print 的参数

在 Python 中可以使用 print 函数将信息输出到控制台，该函数的语法如下：

print(*objects, sep=' ', end='\n', file=sys.stdout)

参数的具体含义如下：

•objects：表示输出的对象，输出多个对象时，需要用,（逗号）分隔。

•sep：用来间隔多个对象。

•end：用来设定以什么结尾，默认值是换行符 \n，可以换成其他字符。

•file：要写入的文件对象。默认是标准输出设备，一般就是屏幕。

一般数据类型，如数值型、布尔型、列表变量、字典变量等都可以用 print 直接输出。

print 参数的演练：

```
#变量的输出
num = 19
print (num)                #19 输出数值型变量
str = 'Duan Yixuan'
print(str)                 #Duan Yixuan 输出字符串变量
list = [1,2,'a']
print (list)               #[1, 2, 'a']输出列表变量
tuple = (1,2,'a')
print (tuple)              #(1, 2, 'a')输出元组变量
dict = {'a':1, 'b':2}
print (dict)               # {'a': 1, 'b': 2}输出字典变量
```

利用 end 参数，可以换行与防止换行。

在 Python 中，输出函数总是默认换行，如：

```
for x in range(0,5):
    print(x)
```

运行结果：

```
0
1
2
3
4
```

显然，这种输出太占“空间”，这是因为每个 print 语句默认结束符是 \n，可以使用 end 设定以特定字符结尾，如使用空格、逗号等表示结束。

```
for x in range(0, 5):
```

```
    print(x, end=' ')
```

运行结果：

```
0 1 2 3 4
```

再举一例：

```
for x in range(0, 5):
    print(x, end=',')
```

运行结果：

```
0,1,2,3,4,
```

可以结合 print()本身带默认换行功能，实现更为高效的输出换行，如：

```
for x in range(0, 5):
    print(x, end=' ')
print()  #本身自带换行，完美输出
for x in range(0, 5):
    print(x, end=',')
```

运行结果：

```
0 1 2 3 4
0,1,2,3,4,
```

3.3.6　变量的格式化符%输出

如果希望输出文字信息的同时，一起输出数据，就需要使用到格式化操作符。

1. %格式化操作符

%被称为格式化操作符，专门用于处理字符串中的格式。

•包含%的字符串，被称为格式化字符串。

•% 和不同的字符连用，不同类型的数据需要使用不同的格式化字符，表 3-3 为格式化字符含义。

表 3-3　格式化字符含义

%s	字符串
%d	有符号十进制整数，%06d 表示输出的整数显示位数，不足的地方使用 0 补全
%f	浮点数，%.2f 表示小数点后只显示两位
%%	输出 %

语法格式如下：

```
print("格式化字符串" % 变量 1)
print("格式化字符串" % (变量 1, 变量 2...))
```

可以先看一个简单的例子：

```
s='hello Python'
x=len(s)
print( 'The length of %s is %d' %(s, x) )
```

运行结果：

```
The length of hello Python is 12
```

'The length of %s is %d' 这部分叫作格式控制符，(s ,x) 这部分叫作转换说明符。

2. 格式化字符串的详细用法

如果要具体地控制输出格式，那么就得掌握格式化字符串的详细用法。

1）字段宽度和精度

如下面的例子，点（.）前数字表示最小字段宽度：转换后的字符串至少应该具有该值指定的宽度；如果是*（星号），则宽度会从值元组中第一个数字读出。点（.）后数字表示精度值：如果需要输出实数，精度值表示出现在小数点后的位数；如果需要输出字符串，那么该数字就表示最大字段宽度；如果是*，那么精度将从元组中第一个数字读出。

★**注意**：在字段宽度中，小数点也占一位。

```
PI=3.1415926
print("PI=%5.*f"%(3, PI))
```

运行结果：

```
PI=3.142
```

下面的例子用*从后面的元组中读取字段宽度；精度是 3 位。

```
print("PI=%*.3f"% (10,PI))
```

运行结果：

```
PI=3.142      #精度为 3，总长为 10
```

2）转换标志

转换标志主要用来表示对齐、填充方式及数字的正负号。“-”表示左对齐；“+”表示在数值前要加上正负号；" "（空白字符）表示正数之前保留空格；0 表示转换值若位数不够则用 0 填充。具体可以看以下例子。

（1）左对齐：

```
PI=3.1415926
print('%-10.3f' %PI)   #左对齐，空格显示在右边，还是 10 个字符
```

运行结果：

```
3.142
```

（2）显示正负号：

```
PI=3.1415926
print('%+f' % PI)   #显示正负号   #+3.141593，类型 f 的默认精度为 6 位小数
```

运行结果：

```
PI=+3.141593
```

（3）用 0 填充空白：

```
print('%010.3f'%PI)        #字段宽度为 10，精度为 3，不足处用 0 填充空白
```

运行结果：

```
000003.142        #0 表示转换值若位数不够则用 0 填充
```

格式化输出课堂练习——基本练习

需求：

（1）定义字符串变量 name，输出：我的名字叫小明，请多多关照！

（2）定义整数变量 student_no，输出：我的学号是 000001。

（3）定义小数 price、weight、money，输出：苹果单价 9.00 元 / kg，购买了 5.00 kg，需要支付 45.00 元。

（4）定义一个小数 scale，输出：数据比例是 10.00%。

```
print("我的名字叫 %s，请多多关照！" % name)
print("我的学号是 %06d" % student_no)
print("苹果单价 %.02f 元／kg，购买 %.02f kg，需要支付 %.02f 元" % (price, weight, money))
print("数据比例是 %.02f%%" % (scale * 100))
```

习　题

一、填空题

1. Python 中的单行注释标记是__________。

2. Python 中的多行注释标记是一对______________。

3. Python 中的标识符可以包含________、________或________。

4. Python 中的标识符只可以以__________或________打头。

5. 查看变量内存地址的 Python 内置函数是________________。

二、判断题

1. Python 中的变量先声明类型后使用。（ ）

2. Python 中的变量先赋值定义后使用。（ ）

三、程序题

编写一个程序，分别输入整数、浮点数，并打印输出。

第 4 章　简单数据类型及其运算

学习目标

（1）整数类型。

（2）浮点类型。

（3）布尔类型。

（4）复数类型。

（5）字符串简介。

（6）算术运算符的基本使用。

（7）其他运算符的基本使用。

4.1　简单数据类型与格式化输出

第 3 章介绍变量的时候，简单介绍了数据类型，本章进一步详细介绍简单数据类型。依据数据内容的复杂程度来划分，可以把 Python 数据类型划分为简单数据类型和高级数据类型。简单数据类型包括所有数字型和字符串，高级数据类型包括除了字符串类型外的所有非数字型。

4.1.1　整数类型

Python 中整数类型与数学中的整数概念一致，共有 4 种进制表示：十进制、二进制、八进制和十六进制。在默认情况下，整数采用十进制，其他进制需要增加相应的引导符号，具体如下。

（1）十进制整数如 0、-1、9、123。

（2）十六进制整数，需要 16 个数字 0、1、2、3、4、5、6、7、8、9、a、b、c、d、e、f 来表示整数，必须以 0x 开头，如 0x10、0xfa、0xabcdef。

（3）八进制整数，只需要 8 个数字 0、1、2、3、4、5、6、7 来表示整数，必须以 0o 开头，如 0o35、0o11。

（4）二进制整数，只需要两个数字 0、1 来表示整数，必须以 0b 开头，如 0b101、0b100。

整数类型的取值范围在理论上没有限制，实际上却受限制于运行 Python 程序的计算机内存的大小。

以下哪些是正确的整数类型？哪些是错误的整数类型？

0xaaa, 0o921, 0b210, 0XAA90, 987, 0b1100, 0o172。

整数类型变量，默认打印值是十进制整数，如：

```
>>> n = 0xa1
>>> print(n)
```

```
161
>>> m = 0b1010
>>> print(m)
10
```

4.1.2　浮点数类型

浮点数类型表示有小数点的数值。浮点数有两种表示方法：小数表示和科学计数法表示，如 15.0、0.37、-11.2、1.2e2、314.15e-2。

Python 浮点数的取值范围和小数精度受不同计算机系统的限制，sys.float_info 详细列出了 Python 解释器所运行系统的浮点数各项参数，如：

```
>>> import sys
>>> sys.float_info
sys.float_info(max=1.7976931348623157e+308, max_exp=1024, max_10_exp=308, min=2.2250738585072014e-308, min_exp=-1021, min_10_exp=-307, dig=15, mant_dig=53, epsilon=2.220446049250313e-16, radix=2, rounds=1)
>>> sys.float_info.max
1.7976931348623157e+308
>>>
```

浮点数类型直接表示或科学计数法中的系数（E 或 e 前面的数）最长可输出 16 个数字，浮点数运算结果中最长输出 17 个数字。然而根据 sys.float_info.dig 的值（dig=15），计算机只能提供 15 个数字的准确性。浮点数在超过 15 位数字计算中产生的误差与计算机内部采用二进制运算有关。

4.1.3　布尔类型

布尔型（bool）：

（1）真（True）非 0 数 —— 非零即真。

（2）假（False）0。

此外，布尔型的 True 和 False 的值是 1 和 0，还可和数字相加。

4.1.4　复数类型

（1）复数类型表示数学中的复数。复数有一个基本单位元素 j，叫作“虚数单位”。含有虚数单位的数称为复数。如：11.3+4j，-5.6+7j，1.23e-4+5.67e+89j。

（2）在 Python 语言中，复数可以看作是二元有序实数对（a, b），表示为：a + bj，其中，a 是实数部分，简称实部，b 是虚数部分，简称虚部。虚数部分通过后缀 J 或 j 来表示。需要注意，当 b 为 1 时，1 不能省略，即 1j 表示复数，而 j 则表示 Python 程序中的一个变量。

（3）复数类型中实部和虚部都是浮点类型，对于复数 z，可以用 z.real 和 z.imag 分别获得它的实数部分和虚数部分。

★**注意**：abs()函数，用于复数，是求复数实部和虚部的均方根：

```
>>> abs(3+4j)
5.0
```

4.1.5 数字类型数据演练

```
>>> 1+True-False
2
>>> a, b, c, d = 20, 5.5, True, 4+3j
>>> print(type(a), type(b), type(c), type(d))
<class 'int'> <class 'float'> <class 'bool'> <class 'complex'>
```

4.1.6 字符串简介

1.字符串概述

用单引号、双引号或三引号界定的符号系列称为字符串。

（1）单引号、双引号、三单引号、三双引号可以互相嵌套，用来表示复杂字符串，如：'abc'、'123'、'中国'、"Python"、'''Tom said, "Let's go"'''。

（2）字符串属于不可变序列。

（3）空字符串，表示为 '' 或 ""。

（4）三引号'''或"""表示的字符串可以换行，支持排版较为复杂的字符串；三引号还可以在程序中表示较长的注释。

2.字符串合并

```
>>> a = 'abc' + '123'    #生成新字符串
>>> x = '1234''abcd'
>>> x
'1234abcd'
>>> x = x + ',.;'
>>> x
'1234abcd,.;'
>>> x = x'efg'      #不允许这样连接字符串
SyntaxError: invalid syntax
```

4.1.7 格式化输出——format()方法

以第 3 章例题为例，苹果单价 9.00 元 / kg，购买了 5.00 kg，需要支付 45.00 元，输出这些数字的时候，就得按照格式要求输出，Python 提供了 format()方法进行格式化输出。

format()方法是字符串的一个方法，专门用于处理字符串中的格式。

字符串 format()方法的语法格式如下：

<模板字符串>.format(<逗号分隔的参数>)

其中，模板字符串是一个由字符串和槽组成的字符串，用来控制字符串和变量的显示效果。槽用大括号{}表示，对应 format()方法中逗号分隔的参数。如下面的样例：

```
print("模板字符串".format(变量 1))
print("模板字符串".format (变量 1, 变量 2...))
```

（1）如果模板字符串有多个槽，且槽内没有指定序号，则按照槽出现的顺序分别对应.format()方法中的不同参数。

（2）format()方法中模板字符串的槽，除了包括参数序号，还可以包括格式控制信息。语法格式如下：

{<参数序号>: <格式控制标记>}

（3）参数序号是 format 函数的参数的序号（从 0 开始）。此外，参数序号也可以通过第 10 章函数与模块一章介绍的关键字参数，甚至可以是后面学到的高级数据中的一个元素或对象的属性。

（4）格式控制标记用来控制参数显示时的格式。格式控制标记包括：<填充> <对齐><宽度>,<.精度><类型>6 个字段，如图 4-1 所示。这些字段都是可选的，可以组合使用。

:	<填充>	<对齐>	<宽度>	,	<.精度>	<类型>
引导符号	用于填充的单个字符	< 左对齐 > 右对齐 ^ 居中对齐	槽的设定输出宽度	数字的千位分隔符 适用于整数和浮点数	浮点数小数部分的精度 或字符串的最大输出长度	整数类型 b,c,d,o,x,X 浮点类型 e,E,f,%

图 4-1　格式控制标记

（5）<填充>、<对齐>和<宽度>主要用于显示格式的规范。

（6）宽度指当前槽的设定输出字符宽度，如果该槽参数实际值比宽度设定值大，则使用参数实际长度。如果该值的实际位数小于指定宽度，则按照对齐指定方式在宽度内对齐，默认以空格字符补充。

（7）对齐字段分别使用<、>和^三个符号表示左对齐、右对齐和居中对齐。

（8）填充字段可以修改默认填充字符，填充字符只能有一个。

（9）<.精度><类型>主要用于对数值本身的规范。

（10）<.精度>由小数点（.）开头。对于浮点数，精度表示小数部分输出的有效位数。对于字符串，精度表示输出的最大长度。小数点可以理解为对数值的有效截断。

（11）<类型>表示输出整数和浮点数类型的格式规则。

（12）对于整数类型，输出格式包括以下 6 种。

- b: 输出整数的二进制方式。
- c: 输出整数对应的 Unicode 字符。

•d: 输出整数的十进制方式。

•o: 输出整数的八进制方式。

•x: 输出整数的小写十六进制方式。

•X: 输出整数的大写十六进制方式。

（13）对于浮点数类型，输出格式包括以下 4 种。

•e: 输出浮点数对应的小写字母 e 的指数形式。

•E: 输出浮点数对应的大写字母 E 的指数形式。

•f: 输出浮点数的标准浮点形式。

•%: 输出浮点数的百分形式。

1．输出演练——基本练习

需求：

（1）定义字符串变量 name，输出：我的名字叫小明，请多多关照！

（2）定义整数变量 student_no，输出：我的学号是 000001。

（3）定义小数 price、weight、money，输出：苹果单价 9.00 元 / 斤，购买了 5.00 斤，需要支付 45.00 元。

（4）定义一个小数 scale，输出：数据比例是 10.00%。

```
print("我的名字叫{}，请多多关照！".format(name))
print("我的学号是 {:0<6d}".format(student_no))
print("苹果单价 {:0<.2f} 元／斤，购买{:0<.2f}斤，需要支付{:0<.2f}元" .format (price, weight, money))
print("数据比例是{:0<.2f}%".format (scale * 100))
```

2．输出演练——高级练习

需求：

（1）以各种进制输出汉字'陈'的编码。

（2）12 次投球中了 1 次，输出百分比的投中率，要求 6 位宽度并保留两位小数，右对齐，左侧补 0。

（3）收入 1238.24 元，支出 899.2 元，即+1238.24 和−889.2，输出收支情况，要求显示正负号，8 位宽度并保留两位小数，右对齐。

（4）给定一个字符串，输出字符串的前 3 个字符、前 18 个字符和整个字符串。

```
print("二进制{0:b}，八进制{0:o}，十进制{0:d}，十六进制{0:x}".format('陈'))
print("投中率{:0>6.2%}".format(1/12))
print("收支情况: {:>+8.2f}, {:>+8.2f}" .format (+1238.24, -889.2))
url="www.pythonlearning.com"
print("{0:.3s},{0:.18s},{0:s}".format (url))
```

3. 课后练习——个人名片

需求：

（1）在控制台依次提示用户输入：姓名、公司、职位、电话、邮箱。

（2）按照以下格式输出：

```
**************************************************
公司名称

姓名 （职位）

电话：电话
邮箱：邮箱
**************************************************
```

实现代码如下：

```
"""
在控制台依次提示用户输入：姓名、公司、职位、电话、电子邮箱
"""
name = input("请输入姓名：")
company = input("请输入公司： ")
title = input("请输入职位： ")
phone = input("请输入电话： ")
email = input("请输入邮箱： ")

print("*" * 50)
print(company)
print()
print("{} ({})" .format(name, title))
print()
print("电话： {}" .format(phone))
print("邮箱： {}" .format(email))
print("*" * 50)
```

4.2　算术运算符

计算机，顾名思义就是负责进行数学计算并且存储计算结果的电子设备，因此算术运算是计算机的最基本功能。

4.2.1　算术运算符与算术表达式

（1）算术运算符是运算符的一种。见表 4-1。

（2）算术运算符是完成基本的算术运算使用的符号，用来处理四则运算。

（3）由运算符构成的式子，叫表达式，由算术运算符构成的式子，叫算术表达式。

表 4-1　算术运算符

运算符	描述	实例
+	加	10 + 20 = 30
-	减	10 - 20 = -10
*	乘	10 * 20 = 200
/	除	10 / 20 = 0.5
//	取整除	返回除法的整数部分（商） 9 // 2 输出结果 4
%	取余数	返回除法的余数 9 % 2 = 1
**	幂	又称次方、乘方，2 ** 3 = 8

★**注意**：在 Python 中，*运算符还可以用于字符串，计算结果就是字符串重复指定次数的结果。如：

```
>>> "-" * 50
'--------------------------------------------------'
```

★**注意**：

（1）//不对复数运算。整数商，即不大于 x 与 y 之商的最大整数。1//2 结果为 0，-1//2 的结果为-1。

（2）%不对复数运算。恒等式 x % y = x - (x // y) * y。

（3）Python 规定 0**0 的值为 1，这也是编程语言的通用做法。

3 种数字类型之间存在一种扩展关系：整数—浮点数—复数。不同数字类型之间的运算所生成的结果是更宽的类型。

4.2.2　算术运算符的优先级

（1）和数学中的运算符的优先级一致，在 Python 中进行数学计算时，同样也是先乘除后加减；同级运算符是从左至右计算；可以使用 () 调整计算的优先级。

（2）表 4-2 的算术运算符优先级由高到低顺序排列。例如：

2 + 3*5 值为 17；

(2 + 3) *5 值为 25；

2*3 + 5 值为 11；

2*(3 + 5) 值为 16；

2**3+3*2 值为 14。

表 4-2　算术运算符优先级

运算符	描述
**	幂（最高优先级）
* / % //	乘、除、取余数、取整除
+ -	加法、减法

4.3　其他运算符简介

Python 除了算术运算符之外，还有比较（关系）运算符、逻辑运算符、赋值运算符等。下面逐一进行简单介绍。

4.3.1　比较（关系）运算符

表 4-3 列出了比较（关系）运算符。

表 4-3　比较（关系）运算符

运算符	描述
==	检查两个操作数的值是否相等，如果是，则条件成立，返回 True
!=	检查两个操作数的值是否不相等，如果是，则条件成立，返回 True
>	检查左操作数的值是否大于右操作数的值，如果是，则条件成立，返回 True
<	检查左操作数的值是否小于右操作数的值，如果是，则条件成立，返回 True
>=	检查左操作数的值是否大于或等于右操作数的值，如果是，则条件成立，返回 True
<=	检查左操作数的值是否小于或等于右操作数的值，如果是，则条件成立，返回 True

在 Python 2.x 中判断不等于还可以使用 <> 运算符，还可以用!=来判断不等于。

4.3.2　逻辑运算符

逻辑运算符见表 4-4。

表 4-4　逻辑运算符

运算符	逻辑表达式	描述
and	x and y	只有 x 和 y 的值都为 True，才会返回 True 否则只要 x 或 y 有一个值为 False，就返回 False
or	x or y	只要 x 或 y 有一个值为 True，就返回 True 只有 x 和 y 的值都为 False，才会返回 False
not	not x	如果 x 为 True，返回 False；如果 x 为 False，返回 True

4.3.3 赋值运算符

赋值运算符见表 4-5。

（1）在 Python 中，使用=可以给变量赋值。

（2）在算术运算时，为了简化代码的编写，Python 还提供了一系列与算术运算符对应的赋值运算符。

★**注意**：赋值运算符中间不能使用空格。

表 4-5 赋值运算符

运算符	描述	实例
=	简单的赋值运算符	c = a + b 将 a + b 的运算结果赋值为 c
+=	加法赋值运算符	c += a 等效于 c = c + a
-=	减法赋值运算符	c -= a 等效于 c = c - a
*=	乘法赋值运算符	c *= a 等效于 c = c * a
/=	除法赋值运算符	c /= a 等效于 c = c / a
//=	取整除赋值运算符	c //= a 等效于 c = c // a
%=	取模（余数）赋值运算符	c %= a 等效于 c = c % a
**=	幂赋值运算符	c **= a 等效于 c = c ** a

此外，赋值运算符中还有两个重要的知识点。这些运算符在后面用到的时候，再进一步深入学习。

（1）同步赋值，举例如下：

```
>>> a, b = 4, 6
>>> print(a, b)
4 6
>>> a, b = b, a
>>> print(a, b)
6 4
```

（2）复合赋值语句与普通赋值语句的比较如下：

```
>>> x = 3
>>> x *= 3 + 4
>>> x
21
>>> y = 3
>>> y = y * 3 + 4
>>> y
13
```

4.3.4　运算符的优先级

表 4-6 为运算符优先级由高到最低顺序排列。

表 4-6　运算符优先级

运算符	描述
**	幂（最高优先级）
* / % //	乘、除、取余数、取整除
+ -	加法、减法
<= < > >=	比较运算符
== !=	等于运算符
= %= /= //= -= += = *=	赋值运算符
not or and	逻辑运算符

4.4　常用内置函数

4.4.1　数学内置函数

表 4-7 为数学内置函数。

表 4-7　数学内置函数

函数	描述	实例	实例结果
abs(a)	求取绝对值	abs(-1)	1
max(list)	求取 list 最大值	max(1,2,3)	3
min(list)	求取 list 最小值	min(1,2,3)	1
sum(list)	求取 list 元素的和	sum([1,2,3])	6
divmod(a,b)	获取商和余数	divmod(5,2)	(2,1)
pow(a,b)	获取乘方数	pow(2,3)	8
round(a,b)	获取指定位数的小数	round(3.1415926,2)	3.14
range(a[,b])	生成一个 a 到 b 的数组,左闭右开	range(1,10)	[1,2,3,4,5,6,7,8,9]
sorted(list)	排序，返回排序后的 list		
len(list)	list 长度	len([1,2,3])	3

下面对最常用的几个数学内置函数进一步举例说明。

（1）abs：求数值的绝对值。

```
>>> abs(-2)
2
```

（2）divmod：返回两个数值的商和余数。

```
>>> divmod(5,2)
```

```
(2, 1)
>> divmod(5.5,2)
(2.0, 1.5)
```

（3）**max**：返回可迭代对象元素中的最大值或所有参数的最大值。

```
>>> max(1,2,3)      #传入 3 个参数，取 3 个中较大者
3
>>> max('1234')      #传入 1 个可迭代对象，取其最大元素值
'4'
>>> max(-1,0)      #数值默认去数值较大者
0
>>> max(-1,0,key = abs)      #传入了求绝对值函数，则参数都会进行求绝对值后再取较大者
-1
```

（4）**min**：返回可迭代对象元素中的最小值或所有参数的最小值。

```
>>> min(1,2,3)      #传入 3 个参数，取 3 个中较小者
1
>>> min('1234')      #传入 1 个可迭代对象，取其最小元素值
'1'
>>> min(-1,-2)      #数值默认去数值较小者
-2
>>> min(-1,-2,key = abs)      #传入了求绝对值函数，则参数都会进行求绝对值后再取较小者
-1
```

（5）**pow**：返回两个数值的幂运算值或其与指定整数的模值。

```
>>> pow(2,3)
8
>>> 2**3
8
>>> pow(2,3,5)
3
>>> pow(2,3)%5
3
```

（6）**round**：对浮点数进行四舍五入求值。

```
>>> round(1.1314926,1)
1.1
>>> round(1.1314926,5)
1.13149
```

（7）**sum**：对元素类型是数值的可迭代对象中的每个元素求和。

```
#传入可迭代对象
>>> sum((1,2,3,4))
10
#元素类型必须是数值型
>>> sum((1.5,2.5,3.5,4.5))
12.0
>>> sum((1,2,3,4),-10)
0
```

（8）range：根据传入的参数创建一个新的 range 对象。

```
>>> a = range(10)
>>> b = range(1,10)
>>> c = range(1,10,3)
>>> a,b,c        #分别输出 a,b,c
(range(0, 10), range(1, 10), range(1, 10, 3))
>>> list(a),list(b),list(c)        #分别输出 a,b,c 的元素
([0, 1, 2, 3, 4, 5, 6, 7, 8, 9], [1, 2, 3, 4, 5, 6, 7, 8, 9], [1, 4, 7])
>>>
```

从（8）可见，range(1,10)在 Python 3.x 以上版本会显示为 range(1,10)，这是生成器，可以用 list(range(1,10))看到数组结果。

4.4.2　类型转换内置函数

表 4-8 为类型转换内置函数。

表 4-8　类型转换内置函数

函数	描述	实例	实例结果
int(str)	转换为 int 型	int('168')	168
float(int/str)	将 int 或字符型转换为浮点型	float('2')	2.0
str(int)	转换为字符型	str(134)	'134'
bool(int)	转换为布尔类型	str(0)	False
bytes(str,code)	接收一个字符串，与所要编码的格式，返回一个字节流类型	bytes('abc', 'utf-8') bytes(u'爬虫', 'utf-8')	b'abc' b'\xe7\x88\xac\xe8\x99\xab'
hex(int)	转换为十六进制	hex(1024)	'0x400'
oct(int)	转换为八进制	oct(1024)	'0o2000'
bin(int)	转换为二进制	bin(1024)	'0b10000000000'
chr(int)	转换数字为相应 ASCII 码字符	chr(65)	'A'
ord(str)	转换 ASCII 字符为相应的数字	ord('A')	65

下面对类型转换内置函数进一步举例说明。

（1）bool：根据传入的参数的逻辑值创建一个新的布尔值。

```
>>> bool()        #未传入参数
False
>>> bool(0)        #数值 0、空序列等值为 False
False
>>> bool(1)
True
```

（2）int：根据传入的参数创建一个新的整数。

```
>>> int()        #不传入参数时，得到结果 0。
0
>>> int(3)
3
>>> int(3.6)
3
```

（3）float：根据传入的参数创建一个新的浮点数。

```
>>> float()        #不提供参数的时候，返回 0.0
0.0
>>> float(3)
3.0
>>> float('3')
3.0
```

（4）complex：根据传入的参数创建一个新的复数。

```
>>> complex()        #当两个参数都不提供时，返回复数 0j。
0j
>>> complex('1+2j')        #传入字符串创建复数
(1+2j)
>>> complex(1,2)        #传入数值创建复数
(1+2j)
```

（5）str：返回一个对象的字符串表现形式（给用户）。

```
>>> str()
''
>>> str(None)
'None'
```

```
>>> str('abc')
'abc'
>>> str(123)
'123'
```

（6）bytes：根据传入的参数创建一个新的不可变字节数组。

```
>>> bytes('中文','utf-8')
b'\xe4\xb8\xad\xe6\x96\x87'
```

（7）ord：返回 Unicode 字符对应的整数。

```
>>> ord('a')
97
```

（8）chr：返回整数所对应的 Unicode 字符。

```
>>> chr(97)      #参数类型为整数
'a'
```

（9）bin：将整数转换成二进制字符串。

```
>>> bin(3)
'0b11'
```

（10）oct：将整数转化成八进制字符串。

```
>>> oct(10)
'0o12'
```

（11）hex：将整数转换成十六进制字符串。

```
>>> hex(15)
'0xf'
```

4.5　常用标准库函数

4.5.1　math 库

math 库是 Python 提供的内置数学类函数库，不支持复数运算。math 库中的函数不能直接使用，需要使用 import 导入该库，导入的方法有两种。

（1）直接导入。

```
import math
```

以 math.函数名()形式调用函数。（建议，不会覆盖内置函数）。

（2）from 导入。

```
from math import  函数名 1 [,函数名 2,...]
```

直接以函数名()的方式调用。特殊地，使用 from math import *，math 库的所有函数都可以直接使用。

实际上，所有函数库的导入都可以自由地选择这两种方式。

除了明确的说明，math 库函数的返回值为浮点数。

math 库包括 acos(), sin()等函数，可以用 dir(math)查看包含哪些数学函数和常量：

```
>>> import math

>>> dir(math)
['__doc__', '__loader__', '__name__', '__package__', '__spec__', 'acos', 'acosh', 'asin', 'asinh', 'atan', 'atan2', 'atanh', 'ceil', 'copysign', 'cos', 'cosh', 'degrees', 'e', 'erf', 'erfc', 'exp', 'expm1', 'fabs', 'factorial', 'floor', 'fmod', 'frexp', 'fsum', 'gamma', 'gcd', 'hypot', 'inf', 'isclose', 'isfinite', 'isinf', 'isnan', 'ldexp', 'lgamma', 'log', 'log10', 'log1p', 'log2', 'modf', 'nan', 'pi', 'pow', 'radians', 'sin', 'sinh', 'sqrt', 'tan', 'tanh', 'tau', 'trunc']
```

math 库常用函数举例如下。

（1）pi 数字常量，圆周率。

```
>>> print(math.pi)
3.141592653589793
```

（2）e 表示一个常量。

```
>>> math.e
2.718281828459
```

（3）ceil()取大于等于 x 的最小的整数值，如果 x 是一个整数，则返回 x。

```
>>> math.ceil(4.12)
5
```

（4）floor()取小于等于 x 的最大的整数值，如果 x 是一个整数，则返回自身。

```
>>> math.floor(4.999)
4
```

（5）trunc()返回 x 的整数部分。

```
>>> math.trunc(6.789)
6
```

（6）copysign()把 y 的正负号加到 x 前面，可以使用 0。

```
>>> math.copysign(2,-3)
-2.0
```

（7）cos()求 x 的余弦，x 必须是弧度。

```
>>> math.cos(math.pi/4)
0.7071067811865476
```

（8）sin()求 x（x 为弧度）的正弦值。

```
>>> math.sin(math.pi/4)
0.7071067811865476
```

（9）tan()返回 x（x 为弧度）的正切值。

```
>>> math.tan(math.pi/4)
0.9999999999999999
```

（10）degrees()把 x 从弧度转换成角度。

```
>>> math.degrees(math.pi/4)
45.0
>>> math.degrees(3.14)
179.9087476710785
>>>
```

（11）radians()把角度 x 转换成弧度。

```
>>> math.radians(45)
0.7853981633974483
>>> math.radians(180)
3.141592653589793
```

（12）sqrt()求 x 的平方根。

```
>>> math.sqrt(100)
10.0
>>> math.sqrt(4)
2.0
```

（13）pow()返回 x 的 y 次方，即 x**y。

```
>>> math.pow(3,4)
81.0
```

（14）log(x,a) 如果不指定 a，则默认以 e 为基数，a 参数给定时，将 x 以 a 为底的对数返回。

```
>>> math.log(math.e)
1.0
>>> math.log(32,2)
5.0
>>>
```

（15）log10()返回 x 的以 10 为底的对数。

```
>>> math.log10(10)
1.0
```

（16）log2()返回 x 的以 2 为底的对数。

```
>>> math.log2(32)
5.0
```

（17）exp()返回 math.e（其值为 2.71828）的 x 次方。

```
>>> math.exp(2)
7.38905609893065
```

（18）expm1()返回 math.e 的 x（其值为 2.71828）次方的值减 1 。

```
>>> math.expm1(2)
6.38905609893065
```

（19）fabs()返回 x 的绝对值。

```
>>> math.fabs(-0.03)
0.03
```

（20）factorial()取 x 的阶乘的值。

```
>>> math.factorial(3)
6
```

（21）fmod()得到 x/y 的余数，其值是一个浮点数。

```
>>> math.fmod(20,3)
2.0
```

（22）fsum()对括号里的每个元素进行求和操作。

```
>>> math.fsum((1,2,3,4))
10.0
```

（23）gcd()返回 x 和 y 的最大公约数。

```
>>> math.gcd(8,6)
2
```

（24）hypot()得到（x^2+y^2）的平方根的值。

```
>>> math.hypot(3,4)
5.0
```

（25）isfinite()如果 x 不是无穷大的数字，则返回 True，否则返回 False。

```
>>> math.isfinite(0.1)
True
```

（26）isinf()如果 x 是正无穷大或负无穷大，则返回 True，否则返回 False。

```
>>> math.isinf(234)
False
```

（27）isnan()如果 x 不是数字，则返回 True，否则返回 False。

```
>>> math.isnan(23)
False
```

（28）ldexp()返回 x*(2**i)的值。

```
>>> math.ldexp(5,5)
160.0
```

（29）modf()返回由 x 的小数部分和整数部分组成的元组。

```
>>> math.modf(math.pi)
(0.14159265358979312, 3.0)
```

4.5.2 random 库

内置库 random 库，是 Python 常用的随机库，random 库产生随机数，使用随机数种子函数 seed()来产生（只要种子相同，产生的随机序列无论是每一个数，还是数与数之间的关系都是确定的，所以随机数种子确定了随机序列的产生），seed()初始化给定的随机数种子，默认为当前系统时间。random 库常用的函数包括产生 0 到 1 之间的小数的 random()函数，列表中随机选择一个元素的 choice()函数，产生随机整数的 randint()函数，产生正态分布的 uniform()函数，随机取样的 sample()函数，随机排序的 shuffle()函数，生成一个 k 比特长的随机整数 getrandbits(k)等。

```
>>> import random
>>> random.seed()
>>> random.choice(['C++','Java','Python'])
'Java'
>>> random.randint(1,100)
57
>>> random.randrange(0,10,2)
8
>>> random.random()
0.7906454183842933
>>> random.uniform(5,10)
7.753307224388041
>>> random.sample(range(100),10)
[91, 15, 67, 38, 55, 72, 62, 97, 51, 77]
>>> nums=[1001,1002,1003,1004,1005]
>>> random.shuffle(nums)
>>> nums
[1002, 1004, 1005, 1001, 1003]
```

```
>>>random.getrandbits(16)
64636
>>>
>>> dir(random)
['BPF', 'LOG4', 'NV_MAGICCONST', 'RECIP_BPF', 'Random', 'SG_MAGICCONST', 'SystemRandom', 'TWOPI', '_BuiltinMethodType', '_MethodType', '_Sequence', '_Set', '__all__', '__builtins__', '__cached__', '__doc__', '__file__', '__loader__', '__name__', '__package__', '__spec__', '_acos', '_bisect', '_ceil', '_cos', '_e', '_exp', '_inst', '_itertools', '_log', '_pi', '_random', '_sha512', '_sin', '_sqrt', '_test', '_test_generator', '_urandom', '_warn', 'betavariate', 'choice', 'choices', 'expovariate', 'gammavariate', 'gauss', 'getrandbits', 'getstate', 'lognormvariate', 'normalvariate', 'paretovariate', 'randint', 'random', 'randrange', 'sample', 'seed', 'setstate', 'shuffle', 'triangular', 'uniform', 'vonmisesvariate', 'weibullvariate']
```

习　题

一、填空题

1. Python 标准库 math 中用来计算平方根的函数是__________。

2. 查看变量类型的 Python 内置函数是________________。

3. 以 3 为实部 4 为虚部，Python 复数的表达形式为________或________。

4. Python 运算符中用来计算整商的是_________。

5. 查看变量内存地址的 Python 内置函数是_________________。

6. 已知 x = 3，那么执行语句 x += 6 之后，x 的值为_______________。

7. 已知 x = 3，并且 id(x)的返回值为 496103280，那么执行语句 x += 6 之后，表达式 id(x) == 496103280 的值为___________。

8. 已知 x = 3，那么执行语句 x *= 6 之后，x 的值为________________。

9. 表达式 int('123', 16) 的值为_________。

10. 表达式 int('123', 8) 的值为_________。

11. 表达式 int('123') 的值为_____________。

12. 表达式 int('101',2) 的值为__________。

13. 表达式 abs(-3) 的值为___________。

14. 表达式 int(4**0.5) 的值为____________。

15. Python 内置函数____________用来返回序列中的最大元素。

16. Python 内置函数____________用来返回序列中的最小元素。

17. Python 内置函数________________用来返回数值型序列中所有元素之和。

18. 已知 x=3 和 y=5，执行语句 x, y = y, x 后，x 的值是____。

19. 表达式 3<5>2 的值为_______________。

20. 表达式 1<2<3 的值为_________。

21. 表达式 3 or 5 的值为_________。

22. 表达式 0 or 5 的值为_________。

23. 表达式 3 and 5 的值为____________。

24. 表达式 3 and not 5 的值为______________。

25. 表达式 3 | 5 的值为_________。

26. 表达式 3 & 6 的值为_________。

27. 表达式 3 ** 2 的值为_________。

28. 表达式 3 * 2 的值为___________。

29. 表达式 chr(ord('a')-32) 的值为___________。

30. 表达式 abs(3+4j) 的值为____________。

31. 表达式 round(3.4) 的值为___________。

32. 表达式 round(3.7) 的值为_________。

33. 表达式 type(3) in (int, float, complex) 的值为____________。

34. 表达式 type(3.0) in (int, float, complex) 的值为_____________。

35. 表达式 type(3+4j) in (int, float, complex) 的值为_____________。

36. 表达式 type('3') in (int, float, complex) 的值为_____________。

37. 表达式 type(3) == int 的值为__________。

38. 表达式 eval('''__import__('math').sqrt(9)''') 的值为______________。

39. 表达式 eval('''__import__('math').sqrt(3**2+4**2)''') 的值为_________。

40. 表达式 eval('3+5') 的值为_________________。

41. 假设 math 标准库已导入，那么表达式 eval('math.sqrt(4)') 的值为_________。

42. 表达式 not 3 的值为________________。

43. 表达式 3 // 5 的值为_______________。

44. 表达式 isinstance(4j, (int, float, complex)) 的值为_____________。

45. 表达式 isinstance('4', (int, float, complex)) 的值为_____________。

二、判断题

1. 加法运算符可以用来连接字符串并生成新字符串。（ ）

2. 9999**9999 这样的命令在 Python 中无法运行。（ ）

3. 3+4j 不是合法的 Python 表达式。（ ）

4. 0o12f 是合法的八进制数字。（ ）

5. 3+4j 是合法的 Python 数字类型。（ ）

6. 在 Python 中 0oa1 是合法的八进制数字表示形式。（ ）

三、程序题

1. 输入 3 位整数，分解出个位、十位和百位并打印输出。

2. 仅使用 Python 基本语法，即不使用任何模块，编写 Python 程序计算下列数学表达式的结果并输出，小数点后保留 2 位。

$$x = \frac{\sqrt{4^2 + 2 \times 7^3}}{4}$$

3. 0x660E 是一个十六进制数，它对应的 Unicode 字符是汉字“明”，请输出汉字“明”对应的 Unicode 字符编码的二进制、十进制、八进制和十六进制格式。即：

print("二进制{____①____}、十进制{____②____}、八进制{____③____}、十六进制{____④____}".format(____⑤____))。

★提示（1）：format 中可以用 ord('明')或 0x660E，即 format(0x660E)。

★提示（2）：{}中可以在“:”前指定序号，本例中可以指定为 0，即{0:***}。

第5章　判断语句

学习目标

（1）开发中的应用场景。

（2）if 语句体验。

（3）if 语句进阶。

（4）程序的格式框架。

（5）综合应用。

5.1　开发中的应用场景

生活中的判断几乎是无所不在的（见图 5-1），我们每天都在做各种各样的选择，如果这样？如果那样？……

人生的关键点就是一场场的选择……

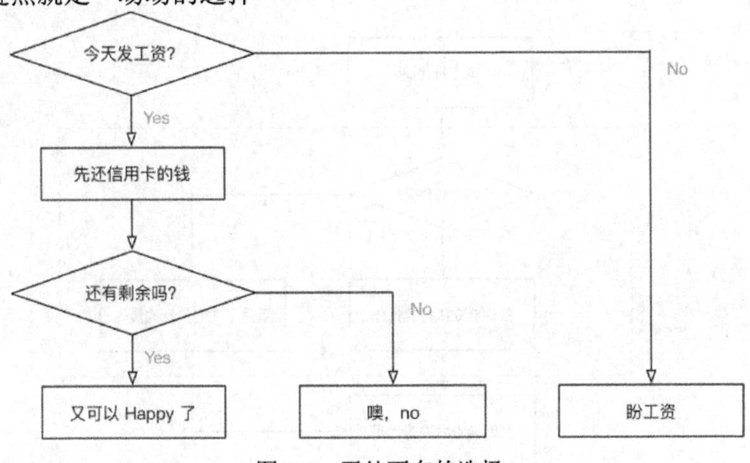

图 5-1　无处不在的选择

5.1.1　程序中的判断

```
if 今天发工资：
    先还信用卡的钱
    if 有剩余：
        又可以 happy 了，O(∩_∩)O 哈哈~
    else：
        噢，no……还得等 n 天
else:
    盼着发工资
```

5.1.2 判断的定义

（1）如果条件满足，才能做某件事情。

（2）如果条件不满足，就做另外一件事情，或者什么也不做。

正是因为有了判断，才使得程序世界丰富多彩，充满变化。判断语句又被称为 “分支语句”，正是因为有了判断，才让程序有了很多的分支。

5.2 if 语句体验

5.2.1 if 判断语句基本语法

在 Python 中，if 语句就是用来进行判断的，格式如下：

```
if 要判断的条件:
    条件成立时，要做的事情
    ……
```

★**注意**：代码的缩进为一个 Tab 键或 4 个空格（建议使用空格）。在 Python 开发中，Tab 键和空格不要混用。可以把整个 if 语句看成一个完整的代码块。如图 5-2 所示。

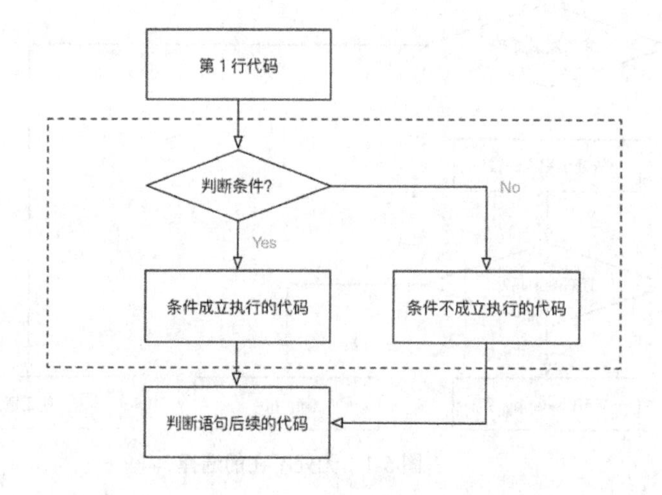

图 5-2 选择结构

5.2.2 判断语句演练——判断年龄

需求：

（1）定义一个整数变量记录年龄。

（2）判断是否满 18 岁（>=）。

（3）如果满 18 岁，允许进网吧。

```
# 1. 定义年龄变量
age = 18
```

```
#2. 判断是否满 18 岁
#if 语句及缩进部分的代码是一个完整的代码块
if age >= 18:
    print("可以进网吧嗨皮……")

#3. 思考! - 无论条件是否满足都会执行
print("这句代码什么时候执行?")
```

★注意：if 语句及缩进部分是一个完整的代码块。

5.2.3　else 处理条件不满足的情况

思考：在使用 if 判断时，只能做到满足条件时要做的事情。那如果需要在不满足条件的时候，做某些事情，该如何做呢？

答案：

```
else 格式如下：
    if 要判断的条件：
        条件成立时，要做的事情
        ……
    else:
        条件不成立时，要做的事情
        ……
```

★注意：if 和 else 语句及各自的缩进部分共同是一个完整的代码块。

5.2.4　判断语句演练——判断年龄改进

需求：

（1）输入用户年龄。

（2）判断是否满 18 岁 （>=）。

（3）如果满 18 岁，允许进网吧。

（4）如果未满 18 岁，提示回家写作业。

```
#1. 输入用户年龄
age = int(input("今年多大了？"))

#2. 判断是否满 18 岁
#if 语句及缩进部分的代码是一个完整的语法块
if age >= 18:
    print("可以进网吧嗨皮……")
else:
```

```
    print("你还没长大，应该回家写作业！")

# 3. 思考！- 无论条件是否满足都会执行
print("这句代码什么时候执行?")
```

5.3 逻辑运算

（1）在程序开发中，通常在判断条件时，会需要同时判断多个条件。

（2）只有多个条件都满足，才能够执行后续代码，这个时候需要使用到逻辑运算符。

（3）逻辑运算符可以把多个条件按照逻辑进行连接，变成更复杂的条件。

（4）Python 中的逻辑运算符包括：与（and）、或（or）、非（not）3 种。

5.3.1 与（and）

条件 1 and 条件 2（表 5-1 为 and 的形式）：

（1）与 / 并且。

（2）两个条件同时满足，返回 True。

（3）只要有一个条件不满足，就返回 False。

表 5-1 and 的形式

条件 1	条件 2	结果
成立	成立	成立
成立	不成立	不成立
不成立	成立	不成立
不成立	不成立	不成立

5.3.2 或（or）

条件 1 or 条件 2（表 5-2 为 or 的形式）：

（1）或 / 或者。

（2）两个条件只要有一个条件满足，返回 True。

（3）两个条件都不满足，返回 False。

表 5-2 or 的形式

条件 1	条件 2	结果
成立	成立	成立
成立	不成立	成立
不成立	成立	成立
不成立	不成立	不成立

5.3.3　非（not）

not 条件（表 5-3 为 not 的形式）：

非 / 不是。

表 5-3　not 的形式

条件	结果
成立	不成立
不成立	成立

5.3.4　逻辑运算演练

（1）练习 1：定义一个整数变量 age，编写代码判断年龄是否正确。要求人的年龄在 0~120 岁。

（2）练习 2：定义两个整数变量 python_score、c_score，编写代码判断成绩。要求只要有一门成绩> 60 分就算合格。

（3）练习 3：定义一个布尔型变量 is_employee，编写代码判断是否是本公司员工。如果不是，则提示不允许入内。

答案 1：

```
#练习 1: 定义一个整数变量 age，编写代码判断年龄是否正确
age = 100

#要求人的年龄在 0~120 岁
if age >= 0 and age <= 120:
    print("年龄正确")
else:
    print("年龄不正确")
```

答案 2：

```
#练习 2:定义两个整数变量 python_score、c_score，编写代码判断成绩
python_score = 50
c_score = 50

#要求只要有一门成绩> 60 分就算合格
if python_score > 60 or c_score > 60:
    print("考试通过")
else:
    print("再接再厉")
```

答案 3：

```
# 练习 3: 定义一个布尔型变量 'is_employee', 编写代码判断是否是本公司员工

is_employee = True

#如果不是，则提示不允许入内
if not is_employee:
    print("非公勿内")
```

5.4 if 语句进阶

5.4.1 elif

（1）在开发中，使用 if 可以判断条件。

（2）使用 else 可以处理条件不成立的情况。

（3）但是，如果希望再增加一些条件，条件不同，需要执行的代码也不同时，就可以使用 elif。

（4）语法格式如下：

```
if 条件 1：
    条件 1 满足执行的代码
    ……
elif 条件 2：
    条件 2 满足时，执行的代码
    ……
elif 条件 3：
    条件 3 满足时，执行的代码
    ……
else:
    以上条件都不满足时，执行的代码
    ……
```

对比逻辑运算符的代码。

```
if 条件 1 and 条件 2：
    条件 1 满足并且条件 2 满足执行的代码
    ……
```

★**注意：**

（1）elif 和 else 都必须和 if 联合使用，而不能单独使用。

（2）可以将 if、elif 和 else 及各自缩进的代码看成一个完整的代码块。

elif 演练 1——女友的节日

需求：

（1）定义 holiday_name 字符串变量记录节日名称。

（2）如果是情人节应该买玫瑰花 / 看电影。

（3）如果是平安夜应该买苹果 / 吃大餐。

（4）如果是生日应该买蛋糕。

（5）其他的日子每天都是节日啊……

```
holiday_name = "平安夜"

if holiday_name == "情人节":
    print("买玫瑰花")
    print("看电影")
elif holiday_name == "平安夜":
    print("买苹果")
    print("吃大餐")
elif holiday_name == "生日":
    print("买蛋糕")
else:
    print("每天都是节日啊……")
```

elif 演练 2——分段函数

需求：

企业发放的奖金根据利润提成。利润低于或等于 10 万元时，奖金可提成 10%；利润高于 10 万元，低于 20 万元时，低于 10 万元的部分按 10%提成，高于 10 万元的部分，可提成 7.5%；利润在 20 万元到 40 万元之间时，高于 20 万元的部分，可提成 5%（低于 20 万元的部分按前面的方法提成，依次类推）；利润在 40 万元到 60 万元之间时高于 40 万元的部分，可提成 3%；利润在 60 万元到 100 万元之间时，高于 60 万元的部分，可提成 1.5%；利润高于 100 万元时，超过 100 万元的部分按 1%提成。用键盘输入当月利润，求应发放奖金总数是多少。

```
profit = int(input("请输入当月利润（万元）："))
if profit<=10:
    reward = profit*0.1
elif profit<=20:
    reward = (profit-10)*0.075+1
```

```
elif profit<=40:
    reward = (profit-20)*0.05+10*0.1+10*0.075
elif profit<=60:
    reward = (profit-40)*0.03+20*0.05+10*0.075+10*0.1
elif profit<=100:
    reward = (profit-60)*0.015+20*0.03+20*0.05+10*0.075+10*0.1
elif profit>100:
   reward = (profit-100)*0.01+40*0.015+20*0.03+20*0.05+10*0.075+10*0.1
print ("应发放奖金总数:",reward(profit)*10000, "(元)")
```

对于数学上称为分段函数这种类型的问题，可以采用从小到大或从大到小的分割方法。例如，从小到大，先分割出 10 万元以内的，然后分割 20 万元以内的(profit<=20 and profit>10)，分割 20 万元以内的时候，10 万元已经被分割掉了，不再需要 and profit>10，后面的可以以此类推。这种采用 if-elif 从小到大或从大到小的分割方法，可以让编程看起来更加简单明了。

5.4.2 if 的嵌套

前面学习了 elif，elif 的应用场景是：同时判断多个条件，所有的条件是平级的。

但是，在开发中，使用 if 进行条件判断，如果希望在条件成立的执行语句中再增加条件判断，就可以使用 if 的嵌套。

if 的嵌套的应用场景就是：在之前条件满足的前提下，再增加额外的判断。if 的嵌套的语法格式，除了缩进之外和之前的没有区别。

if 的嵌套语法格式如下：

```
if 条件 1:
    条件 1 满足执行的代码
    ……
    if 条件 1 基础上的条件 2:
        条件 2 满足时，执行的代码
        ……
    # 条件 2 不满足的处理
    else:
        条件 2 不满足时，执行的代码
# 条件 1 不满足的处理
else:
    条件 1 不满足时，执行的代码
    ……
```

if 的嵌套演练——火车站安检

需求：

（1）定义布尔型变量 has_ticket 表示是否有车票。

（2）定义整型变量 knife_length 表示刀的长度，单位：厘米。

（3）首先检查是否有车票，如果有，才允许进行安检。

（4）安检时，需要检查刀的长度，判断是否超过 20 厘米。

•如果超过 20 厘米，提示刀的长度，不允许上车；

•如果不超过 20 厘米，安检通过。

（5）如果没有车票，不允许进门。

```
#定义布尔型变量 has_ticket 表示是否有车票
has_ticket = True
#定义整数型变量 knife_length 表示刀的长度，单位：厘米
knife_length = 20
#首先检查是否有车票，如果有，才允许进行 安检
if has_ticket:
    print("有车票，可以开始安检……")
    #安检时，需要检查刀的长度，判断是否超过 20 厘米
    #如果超过 20 厘米，提示刀的长度，不允许上车
    if knife_length >= 20:
        print("不允许携带 %d 厘米长的刀上车" % knife_length)
    #如果不超过 20 厘米，安检通过
    else:
        print("安检通过，祝您旅途愉快……")
#如果没有车票，不允许进门
else:
    print("大哥，您要先买票啊")
```

5.5　程序的格式框架

（1）Python 语言采用严格的“缩进”来表明程序的格式框架。缩进指每一行代码开始前的空白区域，用来表示代码之间的包含和层次关系。

（2）1 个缩进 =4 个空格。缩进是 Python 语言中表明程序框架的唯一手段。

（3）当表达分支、循环、函数、类等程序含义时，在 if、while、for、def、class 等保留字所在完整语句后通过英文冒号（:）结尾并在之后进行缩进，表明后续代码与紧邻无缩进语句的所属关系。图 5-3 为单层缩进。图 5-4 为多层缩进。

```
TempStr = input("请输入带有符号
if TempStr[-1] in ['F','f']:
    C = (eval(TempStr[0:-1]) -
    print("转换后的温度是{:.2f}C
elif TempStr[-1] in ['C','c']
    F = 1.8*eval(TempStr[0:-1]
    print("转换后的温度是{:.2f}F
else:
    print("输入格式错误")
```

图 5-3　单层缩进

```
DARTS = 1000
hits = 0.0
clock()
for i in range(1, DARTS):
    x, y = random(), random(
    dist = sqrt(x ** 2 + y *
    if dist <= 1.0:
        hits = hits + 1
pi = 4 * (hits/DARTS)
print("Pi的值是{:.2f}".format
```

图 5-4　多层缩进

5.6　三元表达式

在 Python 中，除了使用 if 语句之外，对于比较简单的选择，还可以使用三元表达式（if else 构成的表达式）。三元表达式基本格式如下：

条件为真时的结果 if 判段的条件 else 条件为假时的结果

常见的应用如下：

```
#求变量 a 和 b 的最大值并赋值给 x
a=3; b=4
x = a if a>b else b
print(x)

#求变量 x 的符号 sign
x=-2
sign = 1 if x>0 else -1 if x<0 else 0
#加括号后看起来更清晰： sign = 1 if x>0 else (-1 if x<0 else 0)
print(sign)
#根据成绩给出优秀、及格和不及格

score=61
grade = "优秀" if score>80 else "及格" if score>=60 else "不及格"
print(grade)
```

运行结果：

```
4
-1
及格
```

5.7　综合应用——石头、剪刀、布

学习目标：

（1）强化多个条件的逻辑运算。

（2）体会 import 导入模块（工具包）的使用。

需求：

（1）从控制台输入要出的拳 —— 石头（1）/ 剪刀（2）/ 布（3）。

（2）计算机随机出拳 —— 先假定计算机只会出石头，完成整体代码功能。

（3）比较胜负（见表 5-4）。

表 5-4 规则

序号	规则
1	石头 胜 剪刀
2	剪刀 胜 布
3	布 胜 石头

1. 基础代码实现

先假定计算机就只会出石头，完成整体代码功能：

```
#从控制台输入要出的拳 —— 石头（1）/剪刀（2）/布（3）
player = int(input("请出拳 石头（1）/剪刀（2）/布（3）："))
#计算机随机出拳 - 假定计算机永远出石头
computer = 1
#比较胜负
#如果条件判断的内容太长，可以在最外侧的条件增加一对大括号
#再在每一个条件之间，使用回车，PyCharm 可以自动增加 8 个空格
if ((player == 1 and computer == 2) or
        (player == 2 and computer == 3) or
        (player == 3 and computer == 1)):
    print("噢耶!!! 计算机弱爆了!!! ")
elif player == computer:
    print("心有灵犀，再来一盘！")
else:
    print("不行，我要和你决战到天亮！")
```

2. 随机数的处理

（1）前面已经学过，在 Python 中，要使用随机数，首先需要导入随机数的模块——random 库。

```
import random
```

（2）导入模块后，可以直接在模块名称后面敲一个. 然后按 Tab 键，会提示该模块中包含的所有函数。

（3）random.randint(a, b) ，返回 [a, b] 之间的整数，包含 a 和 b。如：

```
random.randint(12, 20)   #生成的随机数 n: 12 <= n <= 20
random.randint(20, 20)   #结果永远是 20
random.randint(20, 10)   #该语句是错误的，下限必须小于上限
```

课后演练：把上例中的 computer = 1 改为 computer = random.randint(1,3)，要记得导入随机模块，即 import random。

习　题

一、填空题

Python 关键字 elif 表示__________和___________两个单词的缩写。

二、程序题

1. 编写程序，运行后用户输入 4 位整数作为年份，判断其是否为闰年。如果年份能被 400 整除，则为闰年；如果年份能被 4 整除但不能被 100 整除也为闰年。

2. 编写程序，实现分段函数计算，见表 5-5。

表 5-5　分段函数

x	y
x<0	0
0<=x<5	x
5<=x<10	3x-5
10<=x<20	0.5x-2
20<=x	0

第 6 章　循环语句

学习目标

（1）程序的三大流程。

（2）循环基本使用。

（3）break、continue 和 else。

（4）循环嵌套。

6.1　程序开发的三种流程

在程序开发中，一共有 3 种流程方式，如图 6-1 所示。

（1）顺序——从上向下，顺序执行代码。

（2）分支——根据条件判断，决定执行代码的分支。

（3）循环——让特定代码重复执行。

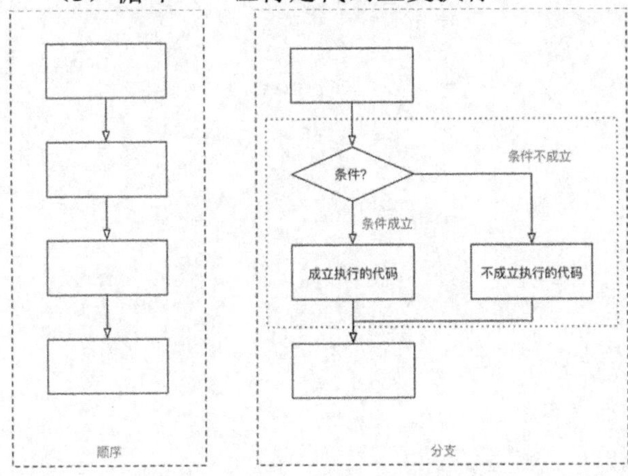

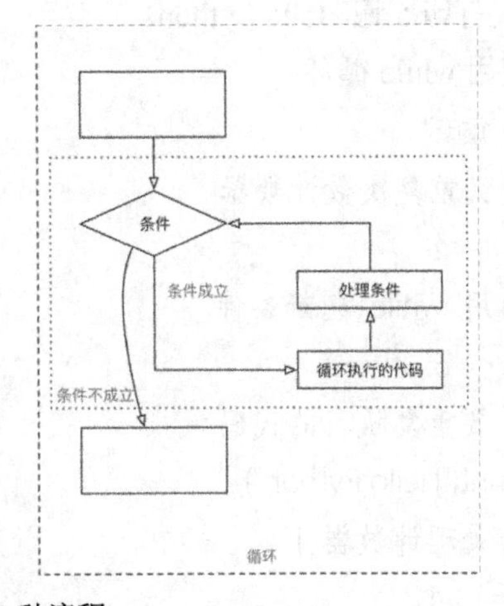

图 6-1　程序开发的 3 种流程

6.2　循环的基本使用

（1）循环的作用就是让指定的代码重复执行。

（2）循环最常用的应用场景就是让执行的代码按照指定的次数重复执行。

需求：打印 5 遍 Hello Python。

思考：如果要求打印 100 遍怎么办？

6.2.1　while 和 for 语句基本语法

1. while 循环格式

初始条件设置 —— 通常是重复执行的计数器

while 条件（判断计数器是否达到目标次数）：
条件满足时，做的事情 1
条件满足时，做的事情 2
条件满足时，做的事情 3
……
处理条件（计数器 +1）

2. for 循环格式

for 变量 in 序列：
条件满足时，做的事情 1
条件满足时，做的事情 2
条件满足时，做的事情 3
……

★**注意**：while 或 for 语句及缩进部分是一个完整的代码块。

第一个循环

需求：打印 5 遍 Hello Python。

使用 while 循环：

```
#while 循环
# 1. 定义重复次数计数器
i = 1
# 2. 使用 while 判断条件
while i <= 5:
    # 要重复执行的代码
    print("Hello Python")
    # 处理计数器 i
    i = i + 1
print("循环结束后的 i ={} ".format( i))
```

使用 for 循环：

```
#for 循环
#使用 for in 循环
for i in range(5):
    # 要重复执行的代码
    print("Hello Python")
print("循环结束后的 i ={} ".format( i))
```

★**注意**：循环结束后，之前定义的计数器条件的数值是依旧存在的。

下面程序输出由星号（*）组成的菱形图案：

```
def main(n):
for i in range(n):
    print(("*" * i).center(n * 3))
for i in range(n,0,-1)
    print(("*" * i).center(n * 3))
main(6)
```

运行结果：

```
      *
      **
     ***
     ****
    *****
    ******
    *****
     ****
     ***
      **
      *
```

6.2.2　死循环

由于程序员的原因，忘记在循环内部修改循环的判断条件，导致循环持续执行，程序无法终止。如：

```
# while 死循环
while 2:   #2 可以换成任何非 0 数字
    pass
#pass 关键字用在类或函数的定义中或选择结构中，表示空语句，即执行时什么都不发生
```

6.2.3　Python 中的计数方法

在 Python 中常见的计数方法有两种。

（1）自然计数法（从 1 开始）—— 更符合人类的习惯。

（2）程序计数法（从 0 开始）—— 几乎所有的程序语言都选择从 0 开始计数。

因此，大家在编写程序时，应该尽量养成习惯：除非需求的特殊要求，否则循环的计数都从 0 开始。

6.2.4　循环计算

在程序开发中，通常会遇到利用循环重复计算的需求，遇到这种需求，可以有以下操作。

（1）在 while 上方定义一个变量，用于存放最终计算结果。

（2）在循环体内部，每次循环都用最新的计算结果，更新之前定义的变量。

需求：计算 0～100 所有数字累计求和的结果。

使用 while 循环：

```
# 计算 0~100 所有数字累计求和的结果
# 0. 定义最终结果的变量
result = 0
# 1. 定义一个整数的变量记录循环的次数
i = 0
# 2. 开始循环
while i <= 100:
    print(i)
    # 每一次循环，都让 result 这个变量和 i 这个计数器相加
    result += i
    # 处理计数器
    i += 1
print("0~100 所有数字累计求和的结果{}".format( result))
```

使用 for 循环：

```
# 计算 0~100 所有数字累计求和的结果
# 0. 定义最终结果的变量
result = 0
#1. 开始循环
for i in range(101):
    print(i)
    # 每一次循环，都让 result 这个变量和 i 这个计数器相加
    result += i
print("0~100 所有数字累计求和的结果{}".format( result))
```

需求进阶 1：计算 0～100 所有偶数累计求和的结果。

开发步骤：

（1）编写循环确认要计算的数字。

（2）添加结果变量，在循环内部处理计算结果。

使用 while 循环：

```
# 0. 最终结果
result = 0
```

```
# 1. 计数器
i = 0
# 2. 开始循环
while i <= 100:
    # 判断偶数
    if i % 2 == 0:
        print(i)
        result += i
    # 处理计数器
    i += 1
print("0~100 所有偶数累计求和的结果 = %d" % result)
```

使用 for 循环：

```
# 0. 最终结果
result = 0
# 1. 开始循环
for i in range(101):
    # 判断偶数
    if i % 2 == 0:
        print(i)
        result += i
print("0~100 所有偶数累计求和的结果 = %d" % result)
```

这个问题，也可以不使用 if 语句，而是每次 i 增加 2，使用 for 循环如下：

```
# 0. 最终结果
result = 0
# 1. 开始循环
for i in range(0,101,2):    #range 的最后一个参数 2，表示每次增加 2
    result += i
print("0~100 所有偶数累计求和的结果 = %d" % result)
```

需求进阶 2：计算 S=1-1/3+1/5-1/7+1/9-…+1/101。

开发步骤：

（1）编写循环确认要计算的数字:1，3，5，7，…，101。

（2）计算通项。

（3）添加结果变量，在循环内部处理计算结果。

（4）处理正负号的循环变化：在循环中，可以使用 sign=-sign，使得每次正负号变化。

对于这个例子，这里只使用 for 循环：

```
#0. 初始化最终结果、正负号变化变量 sign
S = 0
sign = 1
#1. 开始循环
for i in range(1,102,2):
    term = sign/i      # 计算通项
    S = S+ term      #累加
    sign=-sign   #处理正负号的循环变化
print("S=1-1/3+1/5-1/7+1/9-…+1/101 = {}".format(S) )
```

归纳总结：

高中数学中的递推公式 $S_n=S_{n-1}+(-1)^n A_n$ 或 $S_n=S_{n-1}*(-1)^n A_n$ 这一类问题怎么解决？

```
#0. 初始化 S 最终结果、正负号变化变量 sign 等
n = 100
S = 0
sign = 1
#1. 开始循环
for i in range(n):  #根据通项情况，可进一步细化，如上例中的 range(1,102,2)
    #下面循环体内的三步，顺序可以根据具体情况改变
    term = sign+…     # 根据具体情况计算通项
    S=S+ term      #累加或累积
    sign=-sign   #处理正负号的循环变化
print("S = {}" .format(S) )
```

6.3 break、continue 和 else

break 和 continue 是专门在循环中使用的关键字。此外，循环中还有 else 的用法。

（1）break：某一条件满足时，退出循环，不再执行后续重复的代码。

（2）continue：某一条件满足时，本次循环，不执行后续重复的代码，进行下次循环。

break 和 continue 只针对当前所在循环有效。

6.3.1 break

在循环过程中，如果某一个条件满足后，不再希望循环继续执行，可以使用 break 退出循环。

```
i = 0
while i < 10:
    # break 某一条件满足时，退出循环，不再执行后续重复的代码
    # i == 3
    if i == 3:
        break
    print(i)
    i += 1
print("over")
```

课后演练：上面的代码，改为 for 循环。

再次强调，break 只针对当前所在循环有效。

6.3.2　continue

（1）在循环过程中，如果某一个条件满足后，不希望执行本次循环代码，但是又不希望退出循环，可以使用 continue。

（2）也就是说，在整个循环过程中，只有某些条件不需要执行循环代码，而其他条件都需要执行。

```
i = 0
while i < 10:
    #当 i == 7 时，不希望执行需要重复执行的代码
    if i == 7:
        #在使用 continue 之前，同样应该修改计数器
        #否则会出现死循环
        i += 1
        continue
    #重复执行的代码
    print(i)
    i += 1
```

课后演练：上面的代码，改为 for 循环。

★注意：使用 continue 时，条件处理部分的代码需要特别注意，不小心会出现死循环。再次强调，continue 只针对当前所在循环有效。

6.3.3　完整的 for 循环语法

在 Python 中完整的 for 循环的语法如下：

```
for 变量 in 集合:
    循环体代码
```

```
else:
    没有通过 break 退出循环，循环结束后，会执行的代码
```

while 循环也有 else 部分。

应用场景：在迭代遍历嵌套的数据类型时，如一个列表包含了多个字典。

需求：判断某一个字典中是否存在指定的值。

- 如果存在，提示并且退出循环。
- 如果不存在，在循环整体结束后，希望得到一个统一的提示。

```
students = [
    {"name": "阿土",
     "age": 20,
     "gender": True,
     "height": 1.7,
     "weight": 75.0},
    {"name": "小美",
     "age": 19,
     "gender": False,
     "height": 1.6,
     "weight": 45.0},
]
find_name = "阿土"
for stu_dict in students:
    print(stu_dict)
    # 判断当前遍历的字典中姓名是否为 find_name
    if stu_dict["name"] == find_name:
        print("找到了")
        # 如果已经找到，直接退出循环，就不需要再对后续的数据进行比较
        break
else:
    print("没有找到")
print("循环结束")
```

也就是说，for 或 while 循环中的 else 的功能，是循环正常结束（没有执行 break 语句）的时候，执行 else 的代码，否则不执行。

下面的代码，判断 200~300 是否有水仙花数，如果有就打印第一个找到的水仙花数，没有就打印"200 到 300 之间没有水仙花数"。大家可以把 200 和 301 改成 100 和 201 等进一步测试。

```
for n in range(200,301):
  a = n % 10   #个位数
  b = n // 10 % 10   #十位数
  c = n // 100    #百位数
  if a ** 3 + b ** 3 + c ** 3 == n: #判断条件
    print("200 到 300 之间找到了第一个水仙花数：", n)
    break
else:
    print("200 到 300 之间没有水仙花数")
```

下面再举一例，定义一个求素数的函数，判断输 *n*，若为素数返回真，否则返回假：

```
def prime(n):
    for i in range(2,n-1):
        if n%i==0:
            break
    else:
        return True
    return False
```

在这个函数中，for 循环判断 *n* 是否能被 2 到 *n*-1 之间的任一个数整除，能整除就 break，这时候 else 代码块就不会被执行，而是执行最后的 return False 语句，即不是素数；否则就执行 else 代码块，即执行 return True，返回真，为素数。函数的具体用法后面会详细介绍，这里只在这个函数中简单介绍。

6.4 循环嵌套

6.4.1 循环嵌套概述

（1）while 嵌套就是 while 里面还有 while。

（2）for 嵌套就是 for 里面还有 for。

（3）也可以混合嵌套，如

```
while 条件 1:
    条件满足时，做的事情 1
    条件满足时，做的事情 2
    条件满足时，做的事情 3
    ……
```

```
while 条件 2:
    条件满足时，做的事情 1
    条件满足时，做的事情 2
    条件满足时，做的事情 3
    ……
    处理条件 2
处理条件 1
```

6.4.2 循环嵌套演练——九九乘法表

1. 用嵌套打印星号

需求： 在控制台连续输出 5 行星号（*），每一行星号的数量依次递增，具体如下。

```
*
**
***
****
*****
```

使用字符串打印*：

```
# 1. 定义一个计数器变量，从数字 1 开始，循环会比较方便
row = 1
while row <= 5:
    print("*" * row)
    row += 1
```

课后演练： 将上面的代码改为 for 循环。

2. 使用循环嵌套打印星号

知识点回顾： print 函数的详细使用方法如下。

（1）在默认情况下，print 函数输出内容之后，会自动在内容末尾增加换行。

（2）如果不希望末尾增加换行，可以在 print 函数输出内容的后面增加 , end=""。

（3）其中""中间可以指定 print 函数输出内容之后，继续输出希望显示的内容。

语法格式如下：

```
# 向控制台输出内容结束之后，不会换行
print("*", end="")
# 单纯的换行
print("")
```

end=""表示向控制台输出内容结束之后，不会换行。

需求： 假设 Python 没有提供字符串的*操作来拼接字符串。则在控制台连续输出 5 行 *，每一行星号的数量依次递增，具体如下。

```
*
```

```
**
***
****
*****
```

开发步骤：

（1）完成 5 行内容的简单输出。

（2）分析每行内部的*应该如何处理。

•每行显示的星号和当前所在的行数是一致的；

•嵌套一个小的循环，专门处理每一行中列的星号显示。

```
row = 1
while row <= 5:
    # 假设 python 没有提供字符串 * 操作
    # 在循环内部，再增加一个循环，实现每一行的星号打印
    col = 1
    while col <= row:
        print("*", end="")
        col += 1
    # 每一行星号输出完成后，再增加一个换行
    print("")
    row += 1
```

课后演练：将上面的代码改为 for 循环。

3. 九九乘法表

需求：输出九九乘法表，格式如下：

```
1 * 1 = 1
1 * 2 = 2    2 * 2 = 4
1 * 3 = 3    2 * 3 = 6     3 * 3 = 9
1 * 4 = 4    2 * 4 = 8     3 * 4 = 12    4 * 4 = 16
1 * 5 = 5    2 * 5 = 10    3 * 5 = 15    4 * 5 = 20    5 * 5 = 25
1 * 6 = 6    2 * 6 = 12    3 * 6 = 18    4 * 6 = 24    5 * 6 = 30    6 * 6 = 36
1 * 7 = 7    2 * 7 = 14    3 * 7 = 21    4 * 7 = 28    5 * 7 = 35    6 * 7 = 42    7 * 7 = 49
1 * 8 = 8    2 * 8 = 16    3 * 8 = 24    4 * 8 = 32    5 * 8 = 40    6 * 8 = 48    7 * 8 = 56    8 * 8 = 64
1 * 9 = 9    2 * 9 = 18    3 * 9 = 27    4 * 9 = 36    5 * 9 = 45    6 * 9 = 54    7 * 9 = 63    8 * 9 = 72    9 * 9 = 81
```

开发步骤：

首先打印 9 行星号。

```
*
**
***
****
*****
******
*******
********
*********
```

再将每一个*替换成对应的行与列相乘：

```
# 定义起始行
row = 1
# 最大打印 9 行
while row <= 9:
    # 定义起始列
    col = 1
    # 最大打印 row 列
    while col <= row:
        # end = ""，表示输出结束后，不换行
        # "\t" 可以在控制台输出一个制表符，协助在输出文本时对齐
        print("%d * %d = %d" % (col, row, row * col), end="\t")
        # 列数 +1
        col += 1
    # 一行打印完成的换行
    print("")
    # 行数 +1
    row += 1
```

课后演练：将上面的代码改为 for 循环。

★注意：字符串中的转义字符（提前了解）见表 6-1。

（1）\t 在控制台输出一个制表符，协助在输出文本时垂直方向保持对齐。

（2）\n 在控制台输出一个换行符。

制表符的功能是在不使用表格的情况下在垂直方向按列对齐文本。

表 6-1 转义字符

转义字符	描述
\\	反斜杠符号
\'	单引号
\"	双引号
\n	换行
\t	横向制表符
\r	回车

习　　题

一、填空题

1. Python 3.x 语句 for i in range(3):print(i, end=',') 的输出结果为________________。

2. Python 3.x 语句 print(1, 2, 3, sep=',') 的输出结果为________________。

3. 对于带有 else 子句的 for 循环和 while 循环，当循环因循环条件不成立而自然结束时________（会？不会？）执行 else 中的代码。

4. 在循环语句中，__________语句的作用是提前结束本层循环。

5. 在循环语句中，_______语句的作用是提前进入下一次循环。

二、判断题

1. 带有 else 子句的循环如果因为执行了 break 语句而退出的话，则会执行 else 子句中的代码。（ ）

2. 对于带有 else 子句的循环语句，如果是因为循环条件表达式不成立而自然结束循环，则执行 else 子句中的代码。（ ）

3. 对于生成器对象 x = (3 for i in range(5))，连续两次执行 list(x)的结果是一样的。（ ）

4. 在循环中 continue 语句的作用是跳出当前循环。（ ）

5. 在编写多层循环时，为了提高运行效率，应尽量减少内循环中不必要的计算。（ ）

三、程序题

1. 编写程序，判断一个数字是否为素数，是则返回字符串 YES，否则返回字符串 NO。

2. 根据斐波那契数列的定义，$F(0)=0$，$F(1)=1$, $F(n)=F(n-1)+F(n-2)(n\geq 2)$，输出不大于 100 的序列元素。

3. 下面程序执行的结果是__________________。

```
s = 0
for i in range(1,101):
    s += i
else:
    print(1)
```

4. 下面程序执行的结果是______________。

```
s = 0
for i in range(1,101):
    s += i
    if i == 50:
        print(s)
        break
else:
    print(1)
```

第 7 章　程序的异常处理

学习目标

（1）掌握基本的异常处理方法。

（2）理解高级异常处理方法。

（3）理解 raise。

7.1　错误与异常

Python 程序一般对输入有一定要求，但当实际输入不满足程序要求时，可能会产生程序的运行错误。运行程序遇到错误，即出现异常，最好进行处理。

```
>>>n = eval(input("请输入一个数字: "))
请输入一个数字: python

Traceback (most recent call last):
  File "<pyshell#11>", line 1, in <module>
    n = eval(input("请输入一个数字: "))
  File "<string>", line 1, in <module>
NameError: name 'python' is not defined
```

由于使用了 eval()函数，如果用户输入的不是一个数字，则可能报错。这类由于输入与预期不匹配造成的错误有很多种可能，不能逐一列出可能性进行判断。为了保证程序运行的稳定性，这类运行错误应该被程序捕获并合理控制。

Python 语言使用保留字 try 和 except 进行错误捕获，即异常处理，基本的语法格式如下：

```
try:
    <语句块 1>
except:
    <语句块 2>
```

语句块 1 是正常执行的程序内容，当执行这个语句块发生异常时，则执行 except 保留字后面的语句块 2。如：

```
try:
    n = eval(input("请输入一个数字: "))
    print("输入数字的 3 次方值为: ", n**3)
except:
    print("输入错误，请输入一个数字!")
```

运行结果：

```
>>>
请输入一个数字: 1010
输入数字的 3 次方值为: 1030301000
```

再次运行：

```
>>>
请输入一个数字: python
输入错误，请输入一个数字!
```

除了输入之外，异常处理还可以处理程序执行中的运行异常。

```
>>>for i in range(5):
        print(10/i, end=" ")
Traceback (most recent call last):
  File "<pyshell#12>", line 2, in <module>
    print(10/i, end=" ")
ZeroDivisionError: division by zero
```

改为：

```
try:
    for i in range(5):
        print(10/i, end=" ")
except:
    print("某种原因，出错了！")
```

运行结果：

```
某种原因，出错了！
```

7.2　异常处理的高级用法

7.2.1　try/except/else

在 try 语句后也可以跟一个 else 语句，这样当 try 语句块正常执行，没有发生异常时，则将执行 else 语句后的内容：

```
try:
    pass
except Exception as e:
    print ("Exception:", e)
else:
    print( "No exception")
```

7.2.2 try/except/finally

在 try 语句后边跟一个 finally 语句，则不管 try 语句块有没有发生异常，都会在执行 try 之后执行 finally 语句后的内容：

```
try:
    pass
except Exception as e:
    print( "Exception: ",e)
finally:
    print( "try is done")
```

该格式还可以加入 else，构成 try/except/else/finally。

7.2.3 raise 抛出异常

可以使用 raise 主动抛出一个异常：

```
a = 0
if a == 0:
        raise Exception("a must not be zero")
else:
    y=5/a
```

在 Python 中，当不清楚异常需要使用哪个标准异常名称时，可以直接使用 BaseException 异常名称或 Exception 异常名称，BaseException 异常是所有异常的基类，Exception 异常是常规错误的基类。当然，如果没有自己想要的异常名称，可以自定义一个异常。

习　题

一、填空题

1. Python 内建异常类的基类是________________。

2. 在异常处理结构中，不论是否发生异常，_____________子句中的代码总是会执行的。

二、判断题

1. 带有 else 子句的异常处理结构，如果不发生异常，则执行 else 子句中的代码。（ ）

2. 异常处理结构也不是万能的，处理异常的代码也有引发异常的可能。（ ）

3. 在异常处理结构中，不论是否发生异常，finally 子句中的代码总是会执行的。（ ）

三、简答题

1. 异常和错误有什么区别？

★提示：异常是指因为程序执行过程中出错而在正常控制流以外采取的行为。严格来说，语法错误和逻辑错误不属于异常，但有些语法错误往往会导致异常，例如，由于大小写拼写错误而访问不存在的对象，或者试图访问不存在的文件，等等。

2. 阅读下面的代码，并分析假设文件“D:\test.txt”不存在的情况下，两段代码可能发生的问题。

代码 1：

```
try:
    fp = open(r'd:\test.txt')
    print('Hello world!', file=fp)
finally:
    fp.close()
```

代码 2：

```
try:
    fp = open(r'd:\test.txt', 'a+')
    print('Hello world!', file=fp)
finally:
    fp.close()
```

3. 下面的代码本意是把当前文件夹中所有 html 文件都改为 htm 文件，仔细阅读代码，简要说明可能存在的问题。

```
import os
file_list=os.listdir(".")
for filename in file_list:
    pos = filename.rindex(".")
    if filename[pos+1:] == "html":
        newname = filename[:pos+1]+"htm"
        os.rename(filename,newname)
        print(filename+"更名为："+newname)
```

第 8 章　字符串类型

学习目标

（1）掌握字符串的定义。

（2）了解字符串的所有方法，掌握字符串的常用方法。

（3）掌握字符串的索引与切片。

（4）理解字符串的常用内置函数和运算。

（5）掌握转义字符和原始字符串。

8.1　字符串的定义

字符串就是一串字符，是编程语言中表示文字的数据类型。在 Python 中可以使用一对单引号' '、一对双引号" "、一对三单引号''' '''或一对三双引号""" """来定义一个字符串。不同的定界符之间可以相互嵌套，使用要点如下。

（1）字符串内部出现双引号（"）或单引号（'）时，可以使用\"或\'做引号字符的转义，但实际开发中字符串内出现双引号（"），一般使用两个单引号包括整个字符串，如 'hello,"it" is a good boy'；字符串内出现单引号（'），可以使用两个双引号包括整个字符串，如"hello,'it' is a good boy"。

（2）字符串属于不可变序列，不能修改。

（3）空字符串表示为''或""。

（4）三引号'''或"""表示的字符串可以换行，支持排版较为复杂的字符串；三引号还可以在程序中表示较长的注释。

（5）使用字符串对象提供的 replace()、translate()等方法后，返回一个修改替换后的新字符串作为结果。

（6）可以使用索引获取一个字符串中指定位置的字符，索引计数从 0 开始；也可以使用 for 循环遍历字符串中每一个字符。如图 8-1 所示。

下面的代码使用双引号来定义字符串，并遍历输出：

```
string = "Hello Python"
for c in string:
    print(c,end='')
```

运行结果：

```
H,e,l,l,o, ,P,y,t,h,o,n,
```

字符串的索引值是从 0 开始的

len(字符串) 获取字符串的长度
字符串.count(字符串) 小字符串在大字符串中出现的次数

p	y	t	h	o	n

字符串[索引] 从字符串中取出单个字符
字符串.index(字符串) 获得小字符串第一次出现的索引

图 8-1　字符串

8.2　字符串的常用方法

在 ipython 3 中定义一个字符串，如：hello_str = ""，然后输入 hello_str，按下 Tab 键，ipython 3 会提示字符串能够使用的方法如下：

```
In [1]: hello_str.
hello_str.capitalize hello_str.isidentifier hello_str.rindex
hello_str.casefold hello_str.islower hello_str.rjust
hello_str.center hello_str.isnumeric hello_str.rpartition
hello_str.count hello_str.isprintable hello_str.rsplit
hello_str.encode hello_str.isspace hello_str.rstrip
hello_str.endswith hello_str.istitle hello_str.split
hello_str.expandtabs hello_str.isupper hello_str.splitlines
hello_str.find hello_str.join hello_str.startswith
hello_str.format hello_str.ljust hello_str.strip
hello_str.format_map hello_str.lower hello_str.swapcase
hello_str.index hello_str.lstrip hello_str.title
hello_str.isalnum hello_str.maketrans hello_str.translate
hello_str.isalpha hello_str.partition hello_str.upper
hello_str.isdecimal hello_str.replace hello_str.zfill
hello_str.isdigithello_str.rfind
```

如上所示， Python 内置提供了足够多的字符串操作方法，开发时，能够针对字符串进行更加灵活的操作，应对更多的开发需求。

1. 判断类型的 9 个方法

表 8-1 为判断类型。代码举例如下：

```
>>> "123 一二三".isnumeric()
```

```
True
>>> "123 一二三".isdecimal()
False
>>> "123123".isdecimal()
True
>>> 'abc10'.isalnum()
True
>>> 'abc10'.isalpha()
False
>>> 'abc10'.isdigit()
False
>>> 'abc'.islower()
True
```

表 8-1　判断类型

方法	说明
string.isspace()	如果 string 中只包含空格，则返回 True
string.isalnum()	如果 string 至少有一个字符并且所有字符都是字母或数字则返回 True
string.isalpha()	如果 string 至少有一个字符并且所有字符都是字母则返回 True
string.isdecimal()	如果 string 只包含数字则返回 True，包含全角数字
string.isdigit()	如果 string 只包含数字则返回 True，包含全角数字、序号数字如(1)、转义数字如\u00b2
string.isnumeric()	如果 string 只包含数字则返回 True，包含全角数字，汉字数字如二
string.istitle()	如果 string 是标题化的（每个单词的首字母大写）则返回 True
string.islower()	如果 string 中包含至少一个区分大小写的字符，并且所有这些（区分大小写的）字符都是小写，则返回 True
string.isupper()	如果 string 中包含至少一个区分大小写的字符，并且所有这些（区分大小写的）字符都是大写，则返回 True

2. 查找和替换的 7 个方法

表 8-2 为查找和替换的 7 个方法。

表 8-2 查找和替换的 7 个方法

方法	说明
string.startswith(str)	检查字符串是否是以 str 开头，是则返回 True
string.endswith(str)	检查字符串是否是以 str 结束，是则返回 True
string.find(str, start=0, end=len(string))	检测 str 是否包含在 string 中，如果 start 和 end 指定范围，则检查是否包含在指定范围内，如果是返回开始的索引值，否则返回-1
string.rfind(str, start=0, end=len(string))	类似于 find()，不过是从右边开始查找
string.index(str, start=0, end=len(string))	与 find() 方法类似，不过如果 str 不在 string 会报错
string.rindex(str, start=0, end=len(string))	类似于 index()，不过是从右边开始
string.replace(old_str, new_str, num=string.count(old))	把 string 中的 old_str 替换成 new_str，如果 num 指定，则替换不超过 num 次

代码举例如下：

```
>>> 'abcabcabc'.count('abc')
3
>>> 'Hello world!'.count('l')
3
>>> 'C:\\Windows\\notepad.exe'.startswith('C:')
True
>>>r'c:\windows\notepad.exe'.endswith('.exe')
True
>>>r'c:\windows\notepad.exe'.endswith(('.jpg', '.exe'))
True
>>> 'Beautiful is better than ugly.'.startswith('Be', 5)
False
>>> 'abcab'.replace('a','yy')
'yybcyyb'
>>> 'hello world, hello every one'.replace('hello', 'hi')
'hi world, hi every one'
>>> 'apple.peach,banana,pear'.find('p')
```

```
1
>>> 'apple.peach,banana,pear'.find('ppp')
-1
>>> 'Hello world. I like Python.'.rfind('Python')
-1
>>> 'abcabcabc'.rindex('abc')
6
```

3. 大小写转换的 5 个方法

表 8-3 为大小写转换的 5 个方法。

表 8-3　大小写转换的 5 个方法

方法	说明
string.capitalize()	把字符串的第一个字符大写
string.title()	把字符串的每个单词首字母大写
string.lower()	转换 string 中所有大写字符为小写
string.upper()	转换 string 中的小写字母为大写
string.swapcase()	翻转 string 中的大小写

代码举例如下：

```
>>> 'abcabcabc'.capitalize()
'Abcabcabc'
>>> 'I like programing'.title()
'I Like Programing'
>>> 'AbcAbcAbc'.lower()
'abcabcabc'
>>> 'AbcAbcAbc'.swapcase()
'aBCaBCaBC'
```

4. 文本对齐的 3 个方法

表 8-4 为文本对齐的 3 个方法。

代码举例如下：

```
>>>len('Hello world!'.ljust(20))
20
>>>len('abcdefg'.ljust(3))
```

7

表 8-4　文本对齐的 3 个方法

方法	说明
string.ljust(width)	返回一个原字符串左对齐，并使用空格填充至长度 width 的新字符串
string.rjust(width)	返回一个原字符串右对齐，并使用空格填充至长度 width 的新字符串
string.center(width)	返回一个原字符串居中，并使用空格填充至长度 width 的新字符串

5. 去除（空白）字符 3 个方法

表 8-5 为去除（空白）字符的 3 个方法。

表 8-5　去除（空白）字符的 3 个方法

方法	说明
string.lstrip()	截掉 string 左边（开始）的空白字符
string.rstrip()	截掉 string 右边（末尾）的空白字符
string.strip()	截掉 string 左右两边的空白字符

代码举例如下：

```
>>> 'abcab'.strip('ab')
'c'
>>> 'aaasdf'.lstrip('as')
'df'
>>> 'aaasdf'.lstrip('af')
'sdf'
>>> 'aaasdf'.strip('af')
'sd'
>>> 'aaasdf'.rstrip('af')
'aaasd'
```

6. 拆分和连接的 5 个方法

表 8-6 为拆分和连接的 5 个方法。

代码举例如下：

```
>>> ''.join('asdssfff'.split('sd'))
'assfff'
```

```
>>> 'abcdefg'.split('d')
['abc', 'efg']
>>> ','.join('a       b    ccc\n\n\nddd          '.split())
'a,b,ccc,ddd'
>>> 'a'.join('abc'.partition('a'))
'aaabc'
>>> x = 'a      b c         d'
>>> ','.join(x.split())
'a,b,c,d'
```

表 8-6　拆分和连接的 5 个方法

方法	说明
string.partition(str)	把字符串 string 分成一个 3 元素的元组（str 前面, str, str 后面）
string.rpartition(str)	类似于 partition() 方法，不过是从右边开始查找
string.split(str="", num)	以 str 为分隔符拆分 string，如果 num 有指定值，则仅分隔 num + 1 个子字符串，str 默认包含 '\r', '\t', '\n' 和空格
string.splitlines()	按照行('\r', '\n', '\r\n')分隔，返回一个包含各行作为元素的列表
string.join(seq)	以 string 作为分隔符，将 seq 中所有的元素（以字符串表示）合并为一个新的字符串

8.3　字符串的切片

切片方法适用于字符串、列表、元组。切片使用索引值来限定范围，从一个大的字符串中切出小的字符串；列表和元组都是有序的集合，都能够通过索引值获取对应的数据；字典是一个无序的集合，是使用键值对保存数据，不适用于切片操作。

字符串切片操作指定的区间属于左闭右开型[开始索引,结束索引)，即从起始位开始，到结束位的前一位结束（不包含结束位本身)。如图 8-2 所示，总体形如：

string[start: end: step]

解释如下：

（1）从头开始，开始索引数字可以省略，冒号不能省略。

（2）到末尾结束，结束索引数字可以省略，冒号不能省略。

（3）步长默认为 1，如果连续切片，数字和冒号都可以省略。

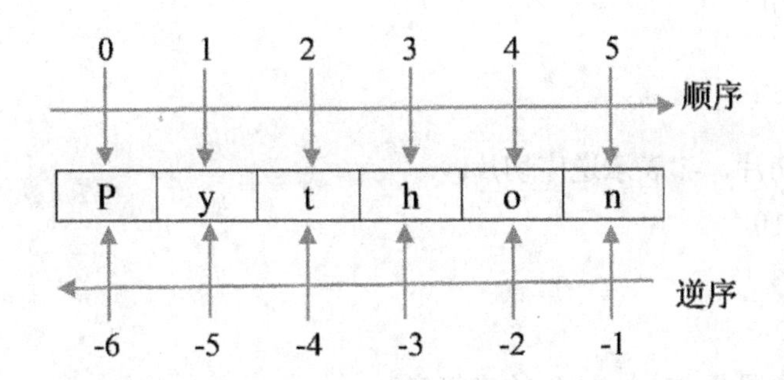

图 8-2　字符串切片

索引的顺序和倒序：在 Python 中不仅支持顺序索引，同时还支持倒序索引。所谓倒序索引，就是从右向左计算索引：此时最右边的索引值是-1，向左依次递减。

下面是字符串索引举的几个例子。

（1）截取 2~5 位置的字符串。

```
num_str = "0123456789"
print(num_str[2:6])
```

运行结果：

```
2345
```

（2）截取 2~末尾的字符串。

```
print(num_str[2:])
```

运行结果：

```
23456789
```

（3）截取从开始~数字 5 位置的字符串。

```
print(num_str[:6])
```

运行结果：

```
012345
```

（4）截取完整的字符串。

```
print(num_str[:])
```

运行结果：

```
0123456789
```

（5）从起始位（位置 0）开始，每隔一个字符截取字符串。

```
print(num_str[::2])
```

运行结果：

```
02468
```

（6）从位置 1 开始，每隔 1 个字符截取字符串。

```
print(num_str[1::2])
```

运行结果：

```
13579
```

（7）倒序切片，-1 表示逆序切片。

```
print(num_str[5::-1])
```

运行结果：

```
543210
```

（8）截取位置 8~末尾（-1）的字符串。

```
print(num_str[8:-1])
```

运行结果：

```
8
```

（9）截取字符串末尾两个字符。

```
print(num_str[-2:])
```

运行结果：

```
89
```

（10）字符串的逆序（Python 常考的一个面试题）。

```
print(num_str[::-1])
```

运行结果：

```
9876543210
```

8.4 字符串的其他用法

8.4.1 字符串运算

1. 字符串可以进行加（+）、乘（*）数学运算符与比较运算符的运算

来看下面的例子。

（1）字符串的加法运算。

```
string1 = 'abcd'
string2 = '1234''
x = string1+string2
print (x)
x = x'efg'                    #不允许这样连接字符串
print (x)
```

运行结果：

```
abcd1234
SyntaxError: invalid syntax
```

由此可见，可以通过+进行字符串的连接。

（2）字符串的乘法运算。

```
x="abc"
x=x*5
print(x)
```

运行结果：

```
'abcabcabcabcabc'
```

（3）字符串的比较运算。

```
x="abc"
y="acd"
print (x >= y)
print (x < y)
```

运行结果：

```
False
True
```

两个字符串按照字符出现顺序逐个字符比较。如果两个字符串某一相同位置的两个字符比较后能够得出布尔结果，返回布尔值，否则继续循环，直到得出结果。

2．字符串进行 in，not in 运算

下面举例说明。

（1）字符串的 in 操作。

```
py = "人生苦短，我爱 Python"
print ("人生" in py)
print ("Python" in py)
print ("陈福明" in py)
```

运行结果：

```
True
True
False
```

如上，可以通过 in 关键字判断一个字符串是否在另外一个字符串里，如果在，返回 True，否则返回 False。

（2）字符串的 not in 操作。

```
py = "人生苦短，我爱 Python"
print ("陈福明" not in py)
print ("人生苦短" not in py)
```

运行结果：

```
True
False
```

如上，可以通过 not in 关键字判断一个字符串是否不在另外一个字符串里，如果不在，返回 True，在则返回 False。

8.4.2 字符串内置函数

Python 针对字符串操作，设置了很多内置函数，包括 len()、str()等。

（1）len()函数用来测试字符串的长度，具体使用见下面的例子。

```
>>>len ("hello world")
11
```

以上通过 len 函数计算出字符串的长度为 11。

（2）str()函数将返回一个对象的 string 格式，从而将对象转化为适于人或机器阅读的形式。

```
>>>str1=str(1024)
>>>str1
'1024'
>>>dict = {'baidu': 'baidu.com', 'google': 'google.com', 'pythonlearning': ' pythonlearning.com'}
>>>str(dict)
"{'baidu': 'baidu.com', 'google': 'google.com', 'pythonlearning': ' pythonlearning.com'}"
```

以上的例子通过 str 函数将一个数字和一个字典数据转化为各自对应的字符串类型。

（3）bin()返回一个整数 int 或长整数 long int 的二进制表示。

```
>>>b1=bin(1024)
>>>b1
'0b10000000000'
```

（4）oct()函数将一个整数转换成八进制字符串。

```
>>>o1=oct(1024)
>>>o1
'0o2000'
```

（5）hex() 函数用于将十进制整数转换成十六进制，以字符串形式表示。

```
>>>h1=hex(1024)
>>>h1
'0x400'
```

（6）chr()函数用一个范围在 range（如 256）内的（就是 0～255）整数作参数，返回一个对应的字符：

```
>>>ch1=chr(65)
>>>ch1
'A'
```

（7）ord()函数是 chr()函数的配对函数，它以一个字符（长度为 1 的字符串）作为参数，返回对应的 ASCII 数值，或者 Unicode 数值，如果所给的 Unicode 字符超出了Python 定义范围，则会引发一个 TypeError 的异常。

```
>>>o1=ord('A')
>>>o1
65
```

8.4.3　常用转义字符

转义字符是指在字符串中某些特定的符号前加一个斜线，该字符被解释成另外一种含义，即有些字符的表示需要通过“\”进行专业表达，常用的转义字符及其含义见表 8-7。

转义字符用法举例如下。

（1）换行符。

```
print ('Hello\nWorld')
```

运行结果：

```
Hello
World
```

表 8-7　转义字符

转义字符	含义	转义字符	含义
\b	退格，把光标移动到前一列位置	\\	一个斜线\
\f	换页符	\’	单引号’
\n	换行符	\”	双引号”
\r	回车	\ooo	3 位八进制数对应的字符
\t	水平制表符	\xhh	2 位十六进制数对应的字符
\v	垂直制表符	\uhhhh	4 位十六进制数表示的 Unicode 字符

（2）八进制转义字符。

```
>>>print('\101')
A
```

（3）其他数字转义字符。

```
>>> print('\x41')
A
>>> print("我是\u9648\u798f\u660e")  #四位十六进制数表示 Unicode 字符
我是陈福明
```

8.4.4 原始字符串表达

字符串前面加字母 r 或 R 表示原始字符串，其中的特殊字符不进行转义，但字符串的最后一个字符不能是“\”。原始字符串主要用于正则表达式、文件路径或 URL 的场合。

（1）路径中含转义字符。

```
path = 'C:\Windows\notepad.exe'
print(path)
```

运行结果：

```
C:\Windows
otepad.exe
```

（2）通过 r 或 R 去掉路径中的转义字符。

```
path = r'C:\Windows\notepad.exe' #原始字符串，任何字符都不转义
print (path)
```

运行结果：

```
C:\Windows\notepad.exe
```

8.4.5 Python 3 字符编码

（1）Python 3 字符编码。Python 3 的解释器以“UTF-8”作为默认字符串编码, 其他编码一律归为字节串。Unicode 为字符集，UTF-8 为 Unicode 字符集的编码规则。所以 Python 3 字符串只有一种编码就是 UTF-8。

（2）字符串与字节串的互转。字节串－decode（'原来的字符编码'）－Unicode 字符串－encode（'新的字符编码'）－字节串。如图 8-3 所示。

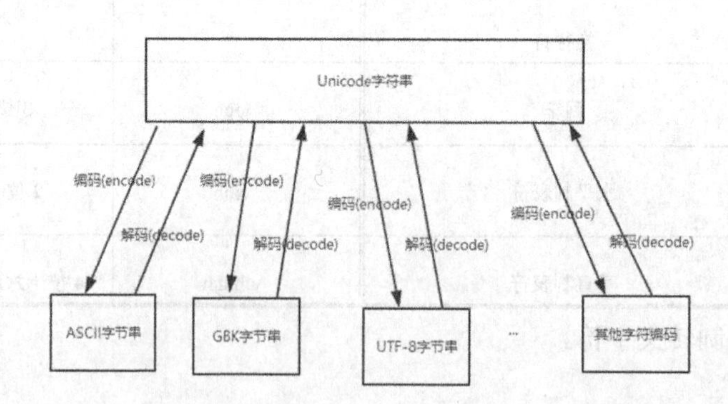

图 8-3 字符串与字节串的互转

（3）chr()和 ord()函数用于在单字符和 Unicode 字符编码值之间进行转换。

```
print(len('中国'.encode('utf-8')) )
print(len('中国'.encode('gbk')) )
print(chr(ord('A')+2) )
print(ord('A') )
print(65)
```

运行结果：

```
6
4
'C'
65
```

习　题

一、填空题

1. 任意长度的 Python 列表、元组和字符串中最后一个元素的下标为________。
2. Python 语句''.join(list('hello world!'))执行的结果是________________。
3. 转义字符'\n'的含义是________________。
4. 表达式 'ab' in 'acbed' 的值为________。
5. 表达式 str([1, 2, 3]) 的值为________________。
6. 表达式 str((1, 2, 3)) 的值为________________。
7. 表达式 '{0:#d},{0:#x},{0:#o}'.format(65) 的值为___________。
8. 表达式 isinstance('abcdefg', str) 的值为__________。
9. 表达式 isinstance('abcdefg', object) 的值为___________。
10. 表达式 isinstance(3, object) 的值为___________。
11. 表达式 'abcabcabc'.rindex('abc') 的值为__________。
12. 表达式 ':'.join('abcdefg'.split('cd')) 的值为____________。
13. 表达式 'Hello world. I like Python.'.rfind('Python') 的值为________。
14. 表达式 'abcabcabc'.count('abc') 的值为___________。
15. 表达式 'apple.peach,banana,pear'.find('p') 的值为___________。
16. 表达式 'apple.peach,banana,pear'.find('ppp') 的值为________。

17. 表达式 'abcdefg'.split('d') 的值为________________。

18. 表达式 ':'.join('1,2,3,4,5'.split(',')) 的值为________________。

19. 表达式 ','.join('a   b ccc\n\n\nddd   '.split()) 的值为______________。

20. 表达式 'Hello world'.upper() 的值为__________。

21. 表达式 'Hello world'.lower() 的值为____________。

22. 表达式 'Hello world'.lower().upper() 的值为__________。

23. 表达式 'Hello world'.swapcase().swapcase() 的值为_____________。

24. 表达式 r'c:\windows\notepad.exe'.endswith('.exe') 的值为_____________。

25. 表达式 r'c:\windows\notepad.exe'.endswith(('.jpg', '.exe')) 的值为_______。

26. 表达式 'C:\\Windows\\notepad.exe'.startswith('C:') 的值为_________。

27. 表达式 len('Hello world!'.ljust(20)) 的值为_________。

28. 表达式 len('abcdefg'.ljust(3)) 的值为_________。

29. 表达式 'a' + 'b' 的值为____________。

30. 已知 x = '123' 和 y = '456'，那么表达式 x + y 的值为_____________。

31. 表达式 'a'.join('abc'.partition('a')) 的值为_______________。

32. 表达式 ''.join('asdssfff'.split('sd')) 的值为___________。

33. 表达式 ''.join(re.split('[sd]','asdssfff')) 的值为______________。

34. 表达式 'Hello world!'[-4] 的值为_______________。

35. 表达式 'Hello world!'[-4:] 的值为______________。

36. 表达式 'test.py'.endswith(('.py', '.pyw')) 的值为__________。

37. 当在字符串前加上小写字母_____或大写字母_____表示原始字符串，不对其中的任何字符进行转义。

38. 表达式 len('中国'.encode('utf-8')) 的值为__________。

39. 表达式 len('中国'.encode('gbk')) 的值为___________。

40. 表达式 chr(ord('A')+2) 的值为__________。

41. 表达式 'abcab'.replace('a','yy') 的值为__________。

42. 已知 table = ''.maketrans('abcw', 'xyzc')，那么表达式 'Hellowworld'.translate(table) 的值为____________________。

43. 表达式 'hello world, hellow every one'.replace('hello', 'hi') 的值为_____________。

44. 已知字符串 x = 'hello world'，那么执行语句 x.replace('hello', 'hi') 之后，x 的值为____________。

45. 已知 x = 'a   b c   d'，那么表达式 ','.join(x.split()) 的值为___________。

46. 表达式 'abcab'.strip('ab') 的值为__________。

47. 表达式 'abc.txt'.endswith(('.txt', '.doc', '.jpg')) 的值为__________。

48. 表达式 isinstance('abc', str) 的值为________________。

49. 表达式 isinstance('abc', int) 的值为________________。

50. 表达式 'abc10'.isalnum() 的值为________________。

51. 表达式 'abc10'.isalpha() 的值为________________。

52. 表达式 'abc10'.isdigit() 的值为________________。

53. 表达式 'C:\\windows\\notepad.exe'.endswith('.exe') 的值为________。

54. 表达式 len('SDIBT') 的值为__________。

55. 表达式 'Hello world!'.count('l') 的值为____________。

56. 已知 x = 'abcdefg'，则表达式 x[3:] + x[:3] 的值为____________________。

57. 表达式 'aaasdf'.lstrip('as') 的值为________________。

58. 表达式 'aaasdf'.lstrip('af') 的值为________________。

59. 表达式 'aaasdf'.strip('af') 的值为________________。

60. 表达式 'aaasdf'.rstrip('af') 的值为________________。

61. 表达式 'ac' in 'abce' 的值为_____________。

62. 表达式 'Beautiful is better than ugly.'.startswith('Be', 5) 的值为_________。

63. 表达式 'abc' in 'abdcefg' 的值为______________。

二、判断题

1. 在 UTF-8 编码中一个汉字需要占用 3 个字节。 （ ）

2. 在 GBK 和 CP936 编码中一个汉字需要 2 个字节。 （ ）

3. 在 Python 中，任意长的字符串都遵守驻留机制。 （ ）

4. Python 中运算符%不仅可以用来求余数，还可以用来格式化字符串。 （ ）

5. Python 中字符串方法 replace()对字符串进行原地修改。 （ ）

6. 如果需要连接大量字符串成为一个字符串，那么使用字符串对象的 join()方法比运算符+具有更高的效率。 （ ）

7. 表达式 'a'+1 的值为'b'。 （ ）

8. 已知 x 为非空字符串，那么表达式 ''.join(x.split()) == x 的值一定为 True。 （ ）

9. 已知 x 为非空字符串，那么表达式 ','.join(x.split(',')) == x 的值一定为 True。 （ ）

10. 相同内容的字符串使用不同的编码格式进行编码得到的结果并不完全相同。 （ ）

三、程序题

1. 以下面文中一句话作为字符串变量 s，补充程序，分别输出字符串 s 中汉字和标点符号的个数。提示：请区分标点符号是全角还是半角，本题中的标点符号是全角的。

```
s="明月几时有？把酒问青天。不知天上宫阙，今夕是何年。我欲乘风归去，又恐琼楼玉宇，高处不胜寒。起舞弄清影，何似在人间？"
n =0      #汉字个数
```

```
m =0      #标点符号个数
____①____        # 在这里补充代码，可以多行
print("字符数为{}，标点符号数为{}。".format(n, m))
```

2. 一个班选举班长，选举票放在一个字符串中，如：votes="张力,王之夏,jams,韩梅梅,john,韩梅梅,john,韩梅梅"，请编写程序统计每个人的得票数。假定只有张力、王之夏、jams、韩梅梅、john 这 5 个候选人。

第 9 章　高级数据类型

学习目标

（1）列表。

（2）元组。

（3）字典。

（4）集合。

（5）高级数据其他用法。

9.1　高级数据简介

9.1.1　知识点回顾

（1）在 Python 中，数据类型根据是否为数字分为数字型和非数字型。

（2）在 Python 中，数据类型根据数据的复杂性分为简单类型和高级类型，简单类型包括数字型和字符串。

（3）数字型。

•整型 (int)

•浮点型（float）

•布尔型（bool）

*真 True 非 0 数 —— 非零即真

*假 False 0

•复数型（complex）：主要用于科学计算，如平面场问题、波动问题、电感电容等问题。

（4）非数字型。

•字符串

•列表

•元组

•集合

•字典

（5）非数字型中，除了字符串，其他都是高级类型。

（6）在 Python 中，所有非数字型中的序列变量，即字符串、列表、元组都支持以下特点。

•都是一个序列 sequence，也可以理解为容器。

•取值 []。

•遍历 for in。

•计算长度、最大/最小值、比较、删除。

•链接+和重复*。

•切片。

9.1.2 高级数据及其分类

高级数据类型往往能够表示多个简单数据。如：

（1）给定一个班级的成绩，分别统计该班级学生各门课程的及格率。

（2）学院召开会议，统计没有参会的各部门人数。

（3）给定一段文字，统计空格、出现最多的字等。

在 Python 中常用的 3 种高级数据类型，分别是序列类型、集合类型、映射类型。

在有些书中，也把高级数据类型称为组合数据类型或容器数据类型。而且对于字符串到底属于哪种分类，也比较混乱。在本书中，把字符串归类为简单数据类型，但是字符串也属于序列类型。

图 9-1 为高级数据类型的分类。

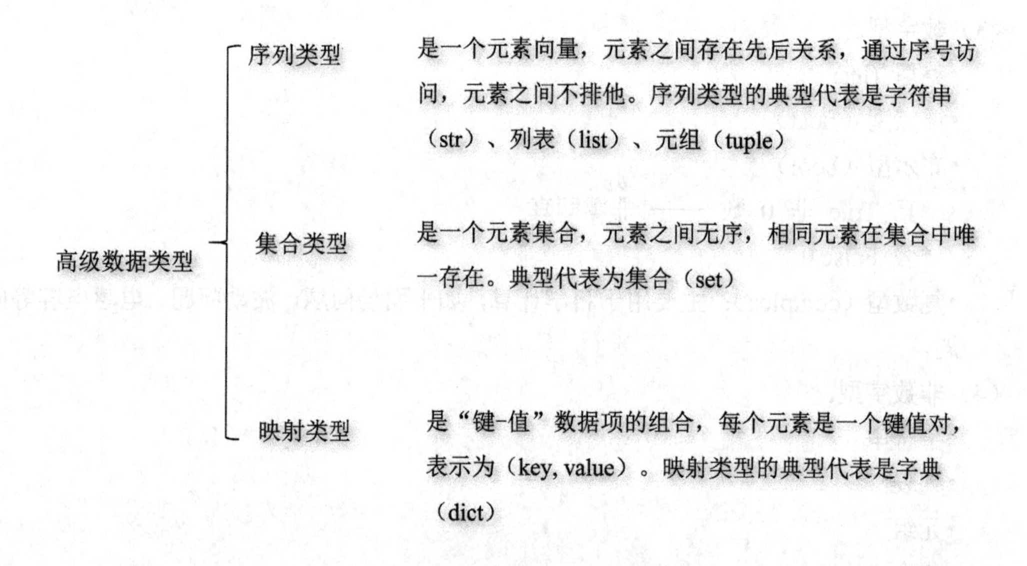

图 9-1 高级数据类型的分类

9.2 列 表

9.2.1 列表的定义

（1）list（列表）是 Python 中使用最频繁的数据类型，在其他语言中通常叫作数组。

（2）列表专门用于存储一串信息。

（3）列表用“[]”定义，数据之间使用“,”来分隔。

（4）列表的索引从 0 开始。索引就是数据在列表中的位置编号，索引又可以被称为下标。

★**注意**：从列表中取值时，如果超出索引范围，程序会报错。

图 9-2 为列表示意图。

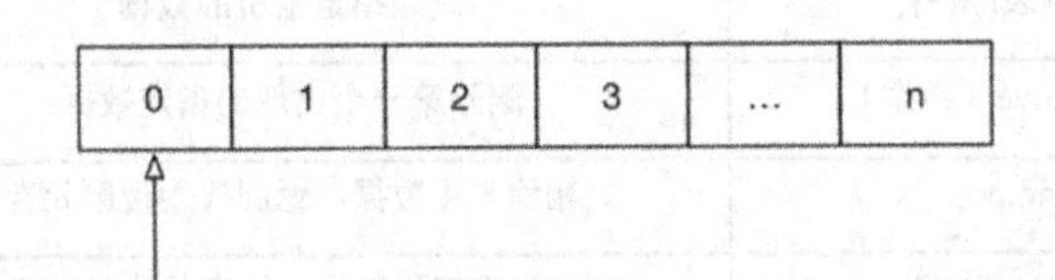

图 9-2　列表

★**提示**：Python 采用的是基于值的内存管理模式，Python 变量不直接存储值，而是存储值的引用，在 Python 列表中元素也是存储值的引用，所以列表中各元素可以是不同类型的数据。

9.2.2　列表常用操作

1.列表

在 ipython 3 中定义一个列表，例如，name_list = []，定义了一个空列表（表 9-1 为列表常用操作）。

输入 name_list. 按下 Tab 键，ipython 会提示列表能够使用的方法如下：

```
In [1]: name_list = ["zhangsan", "lisi", "wangwu"]
In [2]: name_list.
name_list.append    name_list.count     name_list.insert    name_list.reverse
name_list.clear     name_list.extend    name_list.pop       name_list.sort
name_list.copy      name_list.index     name_list.remove
```

★**注意**：列表常用操作中的返回值比较特殊，除了 pop 方法返回值为被删除的元素，count 方法返回出现次数外，其他方法返回值都是 None，但是列表的内容会出现相应的改变，例如，m=list.sort()，那么 m 的值为 None，但是列表 list 的内容已经排序好了。

表 9-1　列表常用操作

序号	分类	关键字 / 函数 / 方法	说明
1	增加	列表.insert（索引, 数据）	在指定位置插入数据
		列表.append（数据）	在末尾追加数据
		列表.extend（列表 2）	将列表 2 的数据追加到列表
2	修改	列表[索引] = 数据	修改指定索引的数据
3	删除	del 列表[索引]	删除指定索引的数据
		列表.remove（数据）	删除第一个出现的指定数据
		列表.pop	删除末尾数据，返回值为被删元素
		列表.pop（索引）	删除指定索引数据，返回值为被删元素
		列表.clear	清空列表
4	统计	len（列表）	列表长度
		列表.count（数据）	数据在列表中出现的次数
5	排序	列表.sort()	升序排序
		列表.sort(reverse=True)	降序排序
		列表.reverse()	逆序、反转

列表常用操作的代码举例如下。

（1）创建列表，把逗号分隔的不同的数据项使用方括号括起来。

```
list = [1,2,3,'James','张三']
list = [i**2 for i in range(10)]
```

（2）append()尾部新增元素。

```
>>> list = [1,2,3]
>>> list.append(5)
>>> list
[1, 2, 3, 5]
```

（3）insert()插入元素：list.insert(index, object)，index 为位置，object 为要插入的对象。

```
>>> list = [1,2,3,5]
>>> list.insert(3,4)
>>> list
[1, 2, 3, 4, 5]
```

（4）extend()扩展列表。

```
>>> list1 = [1,2,3,4]
```

```
>>> list2 = ['a','b']
>>> list1.extend(list2)
>>> list1
[1, 2, 3, 4, 'a', 'b']
```

（5）+号用于组合列表（与 extend()类似）。

```
>>> list1 = [1,2,3,4]
>>> list2 = ['a','b']
>>> list1+ list2
[1, 2, 3, 4, 'a', 'b']
```

★注意：从严格意义上来讲，使用加号不是真的为列表添加元素，而是创建一个新列表，并将原列表中的元素和新元素依次复制到新列表的内存空间。由于涉及大量元素的复制，该操作速度较慢，在涉及大量元素添加时不建议使用该方法。

（6）* 号用于重复列表。

```
>>> L1 = [1,2,3]
>>> L1*3
[1, 2, 3, 1, 2, 3, 1, 2, 3]
```

（7）remove()删除元素（参数如有重复元素，只会删除最靠前的）。

```
>>> list = [1,3,'a','b','a']
>>> list.remove('a')
>>> list
[1, 3, 'b', 'a']                # 第一个'a'被删除，后面的没有被删除
```

（8）pop()默认删除最后一个元素，如果有参数，参数为要删除列表元素的对应索引值。

```
>>> list = [1,2,3,4,5]
>>> list.pop()   # 默认删除最后一个元素
5
>>> list
[1, 2, 3, 4]
>>> list.pop(2)   # 删除指定索引(index=2)的元素
3
>>> list
[1, 2, 4]
```

（9）reverse()列表元素反转。

```
>>> list = [1,2,3,4,5]
>>> list.reverse()
```

```
>>> list
[5, 4, 3, 2, 1]
```

（10）sort()排序（sort 有 3 个默认参数，分别是 cmp=None,key=None,reverse=False， 因此可以制定排序参数）。

```
>>> a = [1,2,5,6,4]
>>> a.sort()
>>> a
[1, 2, 4, 5, 6]
#Python3.x 中，不能将数字和字符一起排序，会出现此报错
>>> a = [1,2,'c','h']
>>> a.sort()
Traceback (most recent call last):
  File "<stdin>", line 1, in <module>
TypeError: '<' not supported between instances of 'str' and 'int'
#参数 reverse=False，升序排序（默认）；
#参数 reverse=True，降序排序
>>> a = [1,5,9,10,3]
>>> a.sort()
>>> a
[1, 3, 5, 9, 10]
>>> a.sort(reverse=True)
>>> a
[10, 9, 5, 3, 1]
#参数 cmp 可以指定比较的函数，后面进一步介绍
```

★**注意：**内置函数 sorted()与列表的 sort()方法有一点不同，sort()会在原 list 上重新排列并保存，而 sorted()不会改变原列表的顺序，只是生成新的排序列表。

内置函数 sorted 举例：

```
>>> aa = [1,8,3,5]
>>> sorted(aa)
[1, 3, 5, 8]
>>> sorted(aa,reverse=True)
[8, 5, 3, 1]
>>> aa
[1, 8, 3, 5]
```

2. del 关键字（科普）

（1）使用 del 关键字（delete）可以删除列表中的部分元素，但是不能删除元组、字符串等不可变序列中的部分元素。

（2）del 关键字本质上是用来将一个变量从内存中删除的，使用 del 删除对象之后，Python 会在恰当的时机调用垃圾回收机制来释放内存。

（3）如果使用 del 关键字将变量从内存中删除，后续的代码就不能再使用这个变量了。

```
del name_list[1]
```

在日常开发中，要从列表删除数据，建议使用列表提供的方法。

3.关键字、函数和方法（科普）

（1）关键字是 Python 内置的、具有特殊意义的标识符。

```
>>>import keyword
>>>print(keyword.kwlist)
>>>print(len(keyword.kwlist))
```

关键字后面不需要使用括号。

（2）函数封装了独立功能，可以直接调用，调用格式如下：

函数名（参数）

函数需要死记硬背。

（3）方法和函数类似，同样是封装了独立的功能。方法需要通过对象来调用，表示针对这个对象要做的操作。

方法调用格式如下：

对象.方法名（参数）

在对象变量后面输入“.”，然后选择针对这个变量要执行的操作，记忆起来比函数要简单很多。在 Python 中字符串、列表、元组、集合和字典定义的变量都是对象。

9.2.3　循环遍历

（1）遍历就是从头到尾依次从列表中获取数据。在循环体内部针对每一个元素，执行相同的操作。

（2）在 Python 中为了提高列表的遍历效率，专门提供的迭代 iteration 遍历。

（3）使用 for 就能够实现迭代遍历。

for 循环遍历列表 1。

```
# for 循环内部使用的变量 in 列表
for name in name_list:
    #循环内部针对列表元素进行操作
    print(name)
```

for 循环遍历列表 2（使用列表下标）。

```
# for 循环内部使用的变量 in 列表
for i in range(len(name_list)):
    #循环内部针对列表下标获取元素进行操作
    print(name[i])
```

这种使用下标遍历列表的方法，适用于需要下标的情况，例如，求最大值、最小值的下标等。图 9-3 为循环遍历示意图。

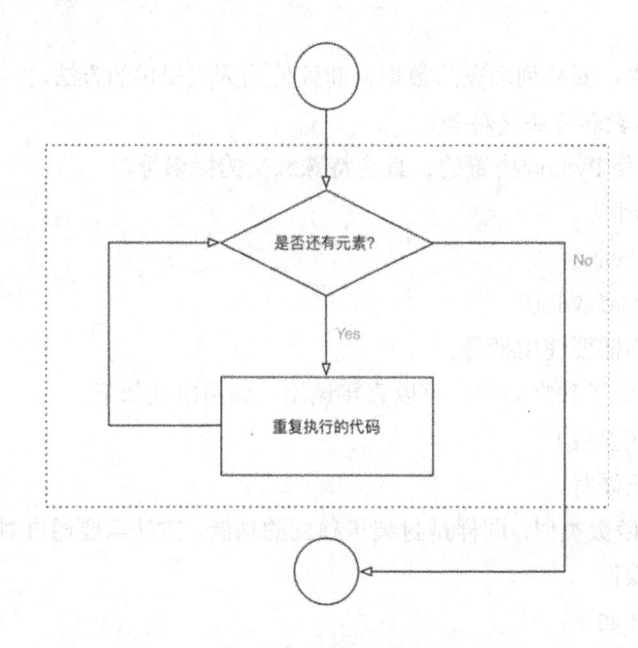

图 9-3　循环遍历

9.2.4　列表与字符串的转换

列表和字符串在前面已经学过，它们可以通过字符串的 join 方法和 split 方法互相转换，举例代码如下。

（1）使用 join()连接列表成为字符串。

```
>>> a = ['no','pain','no','gain']
>>> '_ '.join(a)
'no_pain_no_gain'
```

（2）使用 split()分割字符串为列表。

```
>>> a = 'no_pain_no_gain'
>>> a.split('_')
['no', 'pain', 'no', 'gain']
```

在日常任务处理或文件数据处理的时候，经常遇到固定字符分割的字符串，一般用 split()分割字符串，而最终保存为文件或要求组合成字符串的时候，一般用 join()把列表组合为字符串。

9.2.5　应用场景

尽管在 Python 的列表中可以存储不同类型的数据，但是在开发中，更多的应用场景是以下情形。

（1）列表存储相同类型的数据。

（2）通过迭代遍历，在循环体内部，针对列表中的每一项元素，执行相同的操作。

9.3　元　　组

9.3.1　元组的定义

（1）tuple（元组）与列表类似，不同之处在于元组的元素不能修改。

- 元组表示多个元素组成的序列。
- 元组在 Python 开发中，有特定的应用场景。

（2）用于存储一串信息，数据之间使用“,”分隔。

（3）元组用()定义。

（4）元组的索引从 0 开始。索引就是数据在元组中的位置编号。

定义一个元组：

```
info_tuple = ("zhangsan", 18, 1.75)
```

图 9-4 为元组示意图。

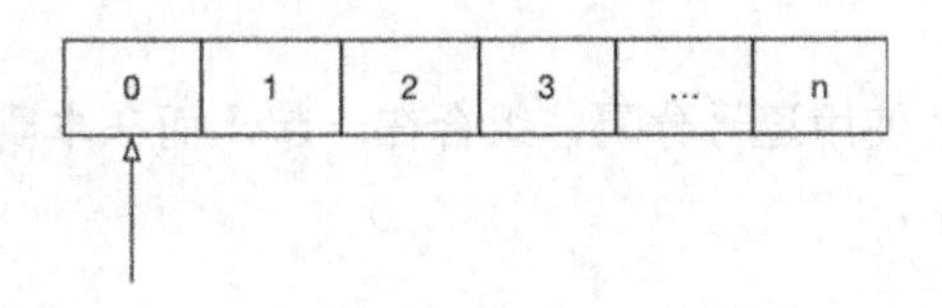

图 9-4　元组

创建空元组。

```
info_tuple = ()
```

元组中只包含一个元素时，需要在元素后面添加逗号。

```
info_tuple = (50, )
```

9.3.2 元组常用操作

在 ipython 3 中定义一个元组，如：info = ()

输入 info.按下 Tab 键，ipython 3 会提示元组能够使用的方法如下：

```
info.count    info.index
```

有关元组的常用操作，可以参照上述代码练习。

元组可以理解为“常量列表”，一旦确定，不允许对其修改，元组是不可变（immutable）类型。元组的访问和处理速度比列表更快，因此，不需要对元素进行修改而只是遍历的情况下，建议使用元组而不是列表。

9.3.3 循环遍历

（1）取值：就是从元组中获取存储在指定位置的数据。

（2）遍历：就是从头到尾依次从元组中获取数据。

```
# for 循环内部使用的变量 in 元组
for item in info:
    循环内部针对元组元素进行操作
    print(item)
```

在 Python 中，可以使用 for 循环遍历所有非数字型类型的变量：列表、元组、字典及字符串。

★**提示**：在实际开发中，除非能够确认元组中的数据类型，否则针对元组的循环遍历需求并不是很多。

9.3.4 封装与解构

在 Python 中，列表和元组有封装与解构的常用操作。封装与解构原理是先把等号右边的封装起来，再在左边进行复制，按照参数进行解构。这么描述，很难理解，下面详细举例说明。

1. 封装

封装是将多个值使用逗号分隔，组合在一起，而在本质上，返回一个元组，只是省略掉了小括号。演练如下：

```
>>> test = 1,2,3,'a','b'
>>> test
(1, 2, 3, 'a', 'b')
>>> type(test)
<class 'tuple'>
```

2. 解构

解构是把线性构成的元素解开，并顺序地赋给其他变量。左边接纳的变量数，要和右边解开的元素个数一致。演练如下：

```
>>> test=[1,'a','A',3]
>>> a,b,c,d = test
>>> a
1
>>> b
'a'
>>> c
'A'
>>> d
3
```

由此可以看到，前面学习过的同步赋值，实质上就是封装与解构的特殊形式。

解构的时候，使用“*变量名”接收，但不能单独使用，被“*变量名”收集后组成一个列表。演练如下：

```
>>> test=list(range(1,10))
>>> test
[1, 2, 3, 4, 5, 6, 7, 8, 9]
>>> head, *mid, tail = test      #*mid 收集中间的变量组成列表
>>> head
1
>>> tail
9
>>> mid
[2, 3, 4, 5, 6, 7, 8]
```

9.3.5　应用场景

尽管可以使用 for in 遍历元组，但是在开发中，更多的应用场景如下。

（1）函数的参数和返回值，一个函数可以接收任意多个参数，或者一次返回多个数据（有关函数的参数和返回值，在第 10 章函数与模块给大家介绍）。

（2）格式化字符串，格式化字符串后面的()本质上就是一个元组。

（3）让列表不可以被修改，以保护数据安全。

```
info = ("zhangsan", 18)
print("%s 的年龄是 %d" % info)
```

元组和列表之间的转换

（1）使用 list()函数可以把元组转换成列表。

list（元组）

（2）使用 tuple()函数可以把列表转换成元组。

tuple（列表）

9.4 字　　典

9.4.1 字典的定义

（1）字典（dictionary）是除列表以外 Python 之中最灵活的数据类型。

（2）字典同样可以用来存储多个数据。通常用于存储描述一个物体的相关信息。

（3）字典和列表的区别。列表是有序的对象集合；字典是无序的对象集合。

（4）字典用 {} 定义。

（5）字典使用键值对存储数据，键值对之间使用“,”分隔，即逗号分割。

- 键（key）是索引。
- 值（value）是数据。
- 键和值之间使用“:”分隔。
- 键必须是唯一的。
- 值可以取任何数据类型，但键只能是任意不可变数据，如字符串、数值或元组，不能使用列表、集合、字典等可变类型。

定义一个字典（见图 9-5）：

```
xiaoming = {"name": "小明",
            "age": 18,
            "gender": True,
            "height": 1.75
           }
```

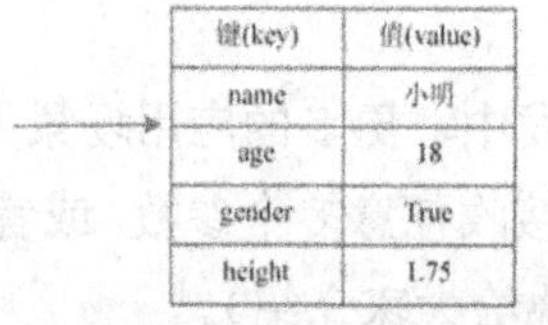

图 9-5　字典

9.4.2　字典常用操作

在 ipython 3 的交互式命令行中定义一个字典，如：xiaoming = {}，输入 xiaoming. 按下 Tab 键，ipython 3 会提示字典能够使用的函数如下：

```
In [1]: xiaoming={}
In [2]: xiaoming.
xiaoming.clear          xiaoming.items          xiaoming.setdefault
xiaoming.copy           xiaoming.keys           xiaoming.update
xiaoming.fromkeys       xiaoming.pop            xiaoming.values
xiaoming.get            xiaoming.popitem
```

有关字典的常用操作，可以参照上述代码练习，主要包括字典的增加、删除、修改、查询和其他操作。字典常用操作代码举例如下。

（1）增加。

```
>>>dic = {'Alice': '2341', 'Beth': '9102', 'Cecil': '3258'}
>>>dic['James'] = '5124'    #字典 dic 中没有 James 这个键，新增
>>> print(dic)
{'Alice': '2341', 'Beth': '9102', 'Cecil': '3258', 'James': '5124'}
>>>dic.setdefault('Jhon','1024')      #如果在字典中存在就不做任何操作，不存在就添加
'1024'
>>> dic.setdefault(' Jack ','9816')
'9816'
>>> print(dic)
{'Alice': '2341', 'Beth': '9102', 'Cecil': '3258', 'James': '5124', 'Jhon': '1024', ' Jack ': '9816'}
```

dic[key] = value 的功能是新增 key-value 对。dict.setdefault(key,value)的功能是，如果键在字典中存在 key 不进行任何操作，否则就添加，对此可以通过 key 查询，即 if dict[key] == None 成立，表示没有这个 key。

（2）删除。字典删除单个 key-value 对可以使用 del 关键字、dict.pop()和 dict.popitem()，全部清除 key-value 对可以用 dict.clear()清空，示例如下：

```
>>> scores = {'语文': 85, '数学': 68, '英语': 95}
>>> print(scores)
{'语文': 85, '数学': 68, '英语': 95}
>>> del scores[ '数学']
>>> print(scores)
{'语文': 85, '英语': 95}
>>> #清空 scores 所有 key-value 对
```

```
>>> scores.clear()
>>> print(scores)
{}
>>> scores = {'Python': 85, '数学': 68, '英语': 95}
>>> scores.popitem() #随机删除 默认删除最后一个，返回值为一个元组 (key,value)
('英语', 95)
>>> print(scores)
{'Python': 85, '数学': 68}
>>> scores.pop ('Python') #返回值为 Python 键对应的值 85
85
>>> print(scores)
{'数学': 68}
```

（3）修改。字典修改可以使用 dict [key] = 内容，修改的是 key 对应的 value。还可以使用 dict.update(字典)，可以理解为更新，将新旧两个字典合并到一起，如果内容相同，新的字典会覆盖旧的字典。

```
>>> scores = {'Python': 85, '数学': 68, '英语': 95}
>>> scores ['Python'] = 95      #字典 scores 中有 Python 这个键，为修改
>>> print(scores)
{'Python': 95, '数学': 68, '英语': 95}
>>> sc = {'语文': 85, '数学': 72, '英语': 59}
>>> scores.update(sc)   #添加了语文，更新了数学和英语
>>> print(scores)
{'Python': 95, '数学': 72, '英语': 59, '语文': 85}
```

（4）查询。字典查询可以使用 dict.get(key)和 dict [key]，也可以使用 for 循环遍历。如果字典 dict 中不存在 key，可以使用 dict.get(key,default)，即给出第二个参数，那么就返回 default 值，否则使用 dict.get(key)，即不给出第二个参数，返回 None。

```
>>> scores = {'Python': 85, '数学': 68, '英语': 95}
>>> print(scores ['Python'])
85
>>> print(scores.get('一个不存在的 key','你傻啊,没有!'))
你傻啊,没有!
>>> print(scores.get('一个不存在的 key'))       #没有第二个参数默认值
None
```

经常使用字典的 get 方法作为计数器使用。如下面的例子：

```
scores = [96,23,78,98,78,62,56]
result = {}
for score    in scores:
    if score>=60:
        result['及格'] = result.get('及格',0)+1
    else:
        result['不及格'] = result.get('不及格',0)+1
print(result)
```

运行结果：

{'及格': 5, '不及格': 2}

（5）其他操作。字典的其他操作有 dict.keys()获取所有的键，存在一个列表中；dict.values()获取所有的值存在一个列表中；dict.items()获取所有的键值对，以元组的形式存在一个列表中：

```
>>> scores={'Python': 95, '数学': 72, '英语': 59, '语文': 85}
>>> scores.keys()
dict_keys(['Python', '数学', '英语', '语文'])   #(高仿列表) 列表的操作都可以在其上面
>>> scores.values()
dict_values([95, 72, 59, 85])   #(高仿列表) 列表的操作都可以在其上面
>>> scores.items()
dict_items([('Python', 95), ('数学', 72), ('英语', 59), ('语文', 85)])
>>> for k in scores.keys():
    print(k)
Python
数学
英语
语文
>>> for v in scores.values():
    print(v)
95
72
59
85
>>> for k,v in scores.items():
    print(k,'::',v)
```

Python :: 95
数学 :: 72
英语 :: 59
语文 :: 85

9.4.3 循环遍历

遍历就是依次从字典中获取所有键值对，如：

```
# for 循环内部使用的 'key 的变量' in 字典
for k in xiaoming:
    print("{}:{}" .format(k, xiaoming[k]))
```

★**提示**：在实际开发中，由于字典中每一个键值对保存数据的类型是不同的，所以针对字典的循环遍历需求并不是很多。

9.4.4 应用场景

尽管可以使用 for in 遍历字典，但是在开发中，更多的应用场景如下。

（1）使用多个键值对，存储描述一个物体的相关信息——描述更复杂的数据信息。

（2）将多个字典放在一个列表中，再进行遍历，在循环体内部针对每一个字典进行相同的处理。

常见的应用举例，如名片列表：

```
card_list = [{"name": "张三",
              "qq": "12345",
              "phone": "110"},
             {"name": "李四",
              "qq": "54321",
              "phone": "10086"}
             ]
```

9.5 集合简介

集合（set）是一个无序的不重复元素序列。可以使用大括号 { } 或 set() 函数创建集合。

★**注意**：创建一个空集合，必须用 set() 而不是 { }，因为 { } 是用来创建一个空字典。

9.5.1 集合运算

集合之间也可以进行数学集合运算（如并集、交集等），可用相应的操作符或方法来实现。

1. 子集

子集，为某个集合中一部分的集合，故亦称部分集合。使用操作符“<”执行子集操作，同样地，也可以使用方法 issubset() 完成。

```
>>> A = set('abcd')
>>> B = set('cdef')
```

```
>>> C = set("ab")
>>> C < A
True            #C 是 A 的子集
>>> C < B
False
>>> C.issubset(A)
True
```

2. 并集

一组集合的并集是这些集合的所有元素构成的集合，而不包含其他元素。使用操作符“|”执行并集操作，同样地，也可以使用方法 union() 完成。

```
>>> A | B
{'c', 'b', 'f', 'd', 'e', 'a'}
>>> A.union(B)
{'c', 'b', 'f', 'd', 'e', 'a'}
```

3. 交集

两个集合 A 和 B 的交集是含有所有既属于 A 又属于 B 的元素，而没有其他元素的集合。使用“ &”操作符执行交集操作，同样地，也可以使用方法 intersection() 完成。

```
>>> A & B
{'c', 'd'}
>>> A.intersection(B)
{'c', 'd'}
```

4. 差集

集合 A 与 B 的差集是所有属于 A 且不属于 B 的元素构成的集合。使用操作符“-”执行差集操作，同样地，也可以使用方法 difference() 完成。

```
>>> A - B
{'b', 'a'}
>>> A.difference(B)
{'b', 'a'}
```

5. 对称差

两个集合的对称差是只属于其中一个集合，而不属于另一个集合的元素组成的集合。使用“^”操作符执行差集操作，同样地，也可以使用方法 symmetric_difference()完成。

```
>>> A ^ B
{'b', 'f', 'e', 'a'}
>>> A.symmetric_difference(B)
{'b', 'f', 'e', 'a'}
```

9.5.2 集合方法

```
>>>seta =set()
>>>seta.
seta.add      seta.clear      seta.copy      seta.difference      seta.difference_update
seta.discard      seta.intersection      seta.intersection_update      seta.isdisjoint
seta.issubset      seta.issuperset      seta.pop      seta.remove      seta.symmetric_difference
seta.symmetric_difference_update      seta.union      seta.update
```

其中 add 是给集合增加元素，clear 为清空集合，pop 为随机删除元素，remove 为删除元素，discard 也为删除一个元素（没有该元素也不会发生异常），update 是更新元素。

9.6 高级数据的其他用法

9.6.1 内置函数（公共方法）

Python 包含的高级数据常用内置函数见表 9-2。

表 9-2 高级数据常用内置函数

函数	描述	备注
len(item)	计算容器中元素个数	
max(item)	返回容器中元素最大值	如果是字典，只针对 key 比较
min(item)	返回容器中元素最小值	如果是字典，只针对 key 比较
del item	删除变量	del 有两种方式
sorted(item)	对容器中元素进行排序	参数只能是可迭代的，如列表等
zip(item1, item2)	生成两个容器中元素一一对应的配对的元组	生成器，每个元组形如：(a,1)
map(func, item1)	对容器中每个元素都运行 func 函数	
filter(func, item1)	func 函数对容器中每个元素都过滤，为真保留	
enumerate (item1)	对容器中每个元素都组合为一个索引序列	
all(item)	容器中每个元素都为非 0 才为真	
any(item)	容器中只要有一个元素为非 0 就为真	
list(item)	转换函数，把容器对象转换为列表	
tuple(item)	转换函数，把容器对象转换为元组	
dict(item)	转换函数，把容器对象转换为字典	
set(item)	转换函数，把容器对象转换为集合	
frozenset(item)	转换函数，把容器对象转换为不可变集合	

注意:字符串比较符合以下规则： "0" < "A" < "a"。

高级数据常用内置函数演练如下。

（1）**len()、min()、max()函数。**

```
>>> len([1,2,3,4,0])
5
>>> len({2:3,3:4})
2
>>> min((1,9,8,0,-7,10))
-7
>>> min({2:3,3:4})
2
>>> max([1,9,8,0,-7,10])
10
>>> max({2:'a',3:'b',5:'d'})
5
```

（2）**del 操作。**

```
#删除变量
>>> x=2
>>> y=3
>>> del x
>>> y
3
>>> x
Traceback (most recent call last):
  File "<pyshell#10>", line 1, in <module>
    x
NameError: name 'x' is not defined
#删除元素
>>> s=[1,2,3,4,5]
>>> del s[2]
>>> s
[1, 2, 4, 5]
>>> d={2:'a',3:'b',5:'d'}
>>> del d[3]
>>> d
{2: 'a', 5: 'd'}
```

（3）**zip()函数。**

```
>>> a = [1,2,3]
>>> b = [4,5,6]
>>> zip(a,b)
<zip object at 0x000001E17BCFDF88>
>>> list(zip(a,b))
[(1, 4), (2, 5), (3, 6)]
>>> for k,v in zip(a,b):
        print('{}: {}'.format(k,v))
1: 4
2: 5
3: 6
>>> names = ['张三','李四','王五']
>>> sexs = ['男','男','女']
>>> scores = [54, 99]
>>> for name, sex, score in zip(names,sexs,scores):
        print('{}, {}, {}'.format(name, sex, score))

张三, 男, 54
李四, 男, 99
```

（4）**enumerate()函数。**

```
>>> lst = [1, 2, 3, 4, 10, 5]
>>> enumerate(lst)
<enumerate object at 0x0000022857C775A0>
>>> num = ['one','two','three','four','five','six']
>>> for index, value in enumerate(num):
        print('{}:{}'.format(index,value))
0:one
1:two
2:three
3:four
4:five
5:six
#指定索引起始值为 1
>>> for index,value in enumerate(lst,1):
        print('{}:{}'.format(index,value))
```

```
1:1
2:2
3:3
4:4
5:10
6:5
#字典
>>> d1 = {1:11,2:22,3:33}
>>> d2 = {5:55,6:66,7:77}
>>> list(zip(d1,d2))
[(1, 5), (2, 6), (3, 7)]
```

（5）**map()函数。**

```
>>> map(lambda x, y: x+y,[1,3,5,7,9],[2,4,6,8,10])
<map object at 0x000001EF9BA80128>
>>> list(map(lambda x, y: x+y,[1,3,5,7,9],[2,4,6,8,10]))
[3, 7, 11, 15, 19]
>>> def f(x):
        return x*x

>>> map(f,(0,1,2,3,4,5))
<map object at 0x000001EF9BA85B38>
>>> list(map(f,(0,1,2,3,4,5)))
[0, 1, 4, 9, 16, 25]
>>> list(map(int,'012345'))
[0, 1, 2, 3, 4, 5]
>>> list(map(int, {1:2,2:3,3:4}))
[1, 2, 3]
```

（6）**filter()函数。**

```
>>> def odd(x):
    return x%2==0
>>> list(filter(odd, [1,2,3,4]))
[2, 4]
>>> filter(odd,[1,2,3,4])
<filter object at 0x0000013D48EB4278>
>>> scores={'张三':45,'李四':99,'王五':62,'李晓丽':82,'陈福明':60,'马晓华':69}
>>> r = filter(lambda score: score>=60,scores.values())
```

```
>>> r
<filter object at 0x0000013D48EB4F28>
>>> list(r)
[99, 62, 82, 60, 69]
```

（7）all()和 any()函数。

```
>>> all((1,1,0))
False
>>> all({"", 1, 1})
False
>>> all([" ", 1, 3])
True
>>> all((" "))
True
>>> all((""))
True
>>> all([True,True,True,True])
True
>>> all([True,True,True,False])
False
>>> all(['a', 'b', '', 'd'])
False
>>> all([0, 1,2, 3])
False
>>> all([])
True
>>> all(())
True
>>> any({"", 1, 1})
True
>>> any((1,1,0))
True
>>> any((""))
False
>>> any((" "))
True
>>> any([True,True,True,False])
```

```
True
>>> any("")
False
>>> any('123')
True
```

（8）tuple()函数。

```
>>>tuple([1,2,3,4])
(1, 2, 3, 4)
>>> tuple({1:2,3:4})      #对于字典，会返回字典的 key 组成的 tuple
(1, 3)
```

（9）dict()函数。

```
>>> #创建空字典
>>> dict()
{}
>>> dict(a='a', b='b', c='c')
{'a': 'a', 'b': 'b', 'c': 'c'}
>>> dict(zip([1, 2, 3],['one', 'two', 'three'] ))
{1: 'one', 2: 'two', 3: 'three'}
>>> dict([('a', 1), ('b', 2), ('c', 3)])
{'a': 1, 'b': 2, 'c': 3}
```

9.6.2　序列切片

（1）切片：使用索引值来限定范围，从一个大的字符串中切出小的字符串。切片示例见表 9-3。

表 9-3　切片

描述	Python 表达式	结果	支持的数据类型
切片	"0123456789"[::-2]	"97531"	字符串、列表、元组

（2）列表和元组都是有序的集合，都能够通过索引值获取对应的数据，也可以切片。

（3）集合是无序的，不可以切片。

（4）字典是一个无序的集合，是使用键值对保存数据，也不可以切片。

列表与元组的切片类似于字符串，下面对列表切片进行演练：

```
>>> lst=[1,2,3,4,5,6,7,8,9,0]
>>> lst[:2]
[1, 2]
>>> lst[:-1]
```

```
[1, 2, 3, 4, 5, 6, 7, 8, 9]
>>> lst[1:-1]
[2, 3, 4, 5, 6, 7, 8, 9]
>>> lst[::-1]
[0, 9, 8, 7, 6, 5, 4, 3, 2, 1]
>>> lst[::-2]
[0, 8, 6, 4, 2]
```

9.6.3 高级数据运算符

表 9-4 为运算符。

表 9-4 运算符

运算符	Python 表达式	结果	描述	支持的数据类型
+	[1, 2] + [3, 4]	[1, 2, 3, 4]	合并	字符串、列表、元组
*	["Hi!"] * 4	['Hi!', 'Hi!', 'Hi!', 'Hi!']	重复	字符串、列表、元组
in	3 in (1, 2, 3)	True	元素是否存在	字符串、列表、元组、字典
not in	4 not in (1, 2, 3)	True	元素是否不存在	字符串、列表、元组、字典
> >= == < <=	(1, 2, 3) < (2, 2, 3)	True	元素比较	字符串、列表、元组

★注意：in 在对字典操作时，判断的是字典的键。in 和 not in 被称为成员运算符。

成员运算符用于测试序列中是否包含指定的成员，见表 9-5。

表 9-5 成员运算符

运算符	描述	实例
in	如果在指定的序列中找到值返回 True，否则返回 False	3 in (1, 2, 3) 返回 True
not in	如果在指定的序列中没有找到值返回 True，否则返回 False	3 not in (1, 2, 3) 返回 False

★注意：在对字典操作时，判断的是字典的键。

高级数据运算符演练如下。

（1）+运算符。

```
>>> lst1=[1,2,3,4]
>>> lst2=[7,8,9]
>>> lst1+lst2
[1, 2, 3, 4, 7, 8, 9]
```

（2）*运算符。

```
>>> lst=[1,2,3,4]
>>> lst*2
[1, 2, 3, 4, 1, 2, 3, 4]
>>> tpl=(1,2,3,4)
>>> tpl*2
(1, 2, 3, 4, 1, 2, 3, 4)
```

（3）in 和 not in 运算符。

```
>>> lst=[1,2,3,4]
>>> 2 in lst
True
>>> 9 in lst
False
>>> 'a' in lst
False
>>> 'b' not in lst
True
>>> lst2=['a','b','c','e']
>>> 'a' in lst2
True
>>> 'd' in lst2
False
>>> 'cc' in lst2
False
#字典
>>> d={1:11,2:22,3:33,5:55,9:99}
>>> 22 in d
False
>>> 2 in d
True
>>> 33 not in d
True
>>> 7 not in d
True
>>> 55 not in d
True
```

（4）比较运算符。

```
>>> lst1=[1,2,3,5]
>>> lst2=[1,2,3,7]
>>> lst3=[1,2]
>>> lst1>lst2
False
>>> lst1<lst2
True
>>> lst1>lst3
True
>>> lst2>lst3
True
>>> tpl1=(1,2,3,5)
>>> tpl2=(1,2,3,7)
>>> tpl3=(1,2)
>>> tpl1>tpl2
False
>>> tpl1<tpl2
True
>>> tpl1>tpl3
True
>>> tpl2>tpl3
True
>>> lst4=[1,2,3,5]
>>> lst1==lst4
True
>>> tpl4=(1,2,3,5)
>>> lst1==list(tpl4)
True
```

9.6.4 推导式与生成器

在 Python 高级数据类型中，包含列表推导式、字典推导式和集合推导式，下面分别介绍。

1. 列表推导式

（1）列表推导式书写形式如下：

[表达式 for 变量 in 列表] 或 [表达式 for 变量 in 列表 if 条件]

（2）列表推导式举例说明：

```
li = [1,2,3,4,5,6,7,8,9]
print( [x**2 for x in li] )
```

```
print([x**2 for x in li if x>5]
print(dict([(x,x*10) for x in li]) )
print( [ (x, y) for x in range(10) if x % 2 if x > 3 for y in range(10) if y > 7 if y != 8 ] )

vec=[2,4,6]
vec2=[4,3,-9]
sq = [vec[i]+vec2[i] for i in range(len(vec))] )
print(sq)
print( [x*y for x in [1,2,3] for y in    [1,2,3]] )
testList = [1,2,3,4]
def mul2(x):
    return x*2
print ([mul2(i) for i in testList] )
```

运行结果：

```
[1, 4, 9, 16, 25, 36, 49, 64, 81]
[36, 49, 64, 81]
{1: 10, 2: 20, 3: 30, 4: 40, 5: 50, 6: 60, 7: 70, 8: 80, 9: 90}
[(5, 9), (7, 9), (9, 9)]
[6, 7, -3]
[1, 2, 3, 2, 4, 6, 3, 6, 9]
[2, 4, 6, 8]
```

2. 字典推导式

（1）字典推导式书写形式如下：

{表达式 1:表达式 2 for 变量 1 in 字典或者列表}或者{表达式 1:表达式 2 for 变量 1 in 字典或列表 if 条件}

（2）字典推导式举例说明。

快速更换 key 和 value：

```
mcase = {'a': 10, 'b': 34}
mcase_frequency = {v: k for k, v in mcase.items()}
print(mcase_frequency)
```

运行结果：

```
{10: 'a', 34: 'b'}
```

3. 集合推导式

（1）集合推导式书写形式如下：

{表达式　for 变量 in 字典或者列表}或 [表达式 for 变量 in 字典或者列表 if 条件]

（2）集合推导式举例说明：

```
squared = {x**2 for x in [1, 3, 2]}
print(squared)
```

运行结果：

```
{1, 4, 9}
```

4. 生成器

前面学过的 for i in range(100)，在 Python 3.x 中 range(100)就是生成器，每取一次生成一个数，因此在 Python 3.x 中用 print(range(100))是打印不出来 0~99 的（可以用 print(list(range(100)))）。

生成器 generator 是为了节约内存设计的，如 range 内的参数为 100 万，那么直接生成 100 万个数，内存会严重浪费的。

要创建一个生成器，有很多种方法，第一种方法很简单，只要把一个列表推导式的[ ]改为( )，就创建一个生成器，或者用 iter()内置函数也可以通过列表创建一个生成器。下面演示了生成器的简单用法：

```
#生成器
generator_ex = (i for i in range(10))
print(next(generator_ex))
print(next(generator_ex))
print(next(generator_ex))
print(next(generator_ex))
```

运行结果：

```
0
1
2
3
```

用 iter()内置函数也可以把列表转换为生成器，演示如下：

```
>>> lst=[1,2,3,4,0]
>>> itr = iter(lst)
>>> next(itr)
1
>>> next(itr)
2
>>> next(itr)
3
>>> next(itr)
```

```
4
>>> next(itr)
0
>>> next(itr)
Traceback (most recent call last):
  File "<pyshell#31>", line 1, in <module>
    next(itr)
StopIteration
```

一般都用 for 循环访问生成器，如 for gen in generator_ex: print(gen)，类似于 range 的使用。

生成器是一个特殊的程序，可以被用作控制循环的迭代行为，Python 中生成器是迭代器的一种。使用 yield 返回值函数，每次调用 yield 会暂停，而可以使用 next()函数和 send()函数恢复生成器。

因此，创建一个生成器的第二种方法为 yield 关键字。把 yield 放在函数中，那么带有 yield 的函数不再是一个普通函数，而是一个生成器。yield 相当于 return 返回一个值，并且记住这个返回的位置，下次迭代时，代码从 yield 的下一条语句开始执行。下面演示了 yield 生成器的简单用法：

```
def yield_test(n):
    for i in range(n):
        yield i
        print("i=",i)
    print("Done.")
for i in yield_test(3):
    print(i,",")
```

结果：

```
0 ,
i= 0
1 ,
i= 1
2 ,
i= 2
Done.
```

在 yield 示例中使用了函数，因此下章讲函数。

习　　题

一、填空题

1. 列表、元组、字符串是 Python 的_________（有序还是无序）序列。

2. 使用运算符测试集合包含集合 A 是否为集合 B 的真子集的表达式可以写作_______。

3. 表达式[1, 2, 3]*3 的执行结果为____________________。

4. list(map(str, [1, 2, 3]))的执行结果为____________________。

5. 语句 x = 3==3, 5 执行结束后，变量 x 的值为____________。

6. 表达式“[3] in [1, 2, 3, 4]”的值为_______________。

7. 列表对象的 sort()方法用来对列表元素进行原地排序，该函数返回值为_______。

8. 假设列表对象 aList 的值为[3, 4, 5, 6, 7, 9, 11, 13, 15, 17]，那么切片 aList[3:7]得到的值是____________________。

9. 使用列表推导式生成包含 10 个数字 5 的列表，语句可以写为___________。

10. 假设有列表 a = ['name', 'age', 'sex']和 b = ['Dong', 38, 'Male']，请使用一个语句将这两个列表的内容转换为字典，并且以列表 a 中的元素为“键”，以列表 b 中的元素为“值”，这个语句可以写为____________________。

11. 任意长度的 Python 列表、元组和字符串中最后一个元素的下标为________。

12. Python 语句''.join(list('hello world!'))执行的结果是___________________。

13. Python 语句 list(range(1,10,3))执行结果为_________________。

14. 表达式 list(range(5)) 的值为________________。

15. _____________命令既可以删除列表中的一个元素，也可以删除整个列表。

16. 已知 a = [1, 2, 3]和 b = [1, 2, 4]，那么 id(a[1])==id(b[1])的执行结果为________。

17. 切片操作 list(range(6))[::2]的执行结果为_______________。

18. 使用切片操作在列表对象 x 的开始处增加一个元素 3 的代码为_________。

19. 语句 sorted([1, 2, 3], reverse=True) == reversed([1, 2, 3])的执行结果为________。

20. 表达式 sorted([111, 2, 33], key=lambda x: len(str(x))) 的值为______________。

21. 表达式 sorted([111, 2, 33], key=lambda x: -len(str(x))) 的值为____________。

22. Python 内置函数_________可以返回列表、元组、字典、集合、字符串及 range 对象中元素个数。

23. Python 内置函数____________用来返回序列中的最大元素。

24. Python 内置函数____________用来返回序列中的最小元素。

25. Python 内置函数_______________用来返回数值型序列中所有元素之和。

26. 已知列表对象 x = ['11', '2', '3']，则表达式 max(x) 的值为__________。

27. 表达式 min(['11', '2', '3']) 的值为________________。

28. 已知列表对象 x = ['11', '2', '3']，则表达式 max(x, key=len) 的值为__________。

29. 字典中多个元素之间使用＿＿＿＿＿＿分隔开，每个元素的“键”与“值”之间使用＿＿＿＿分隔开。

30. 字典对象的＿＿＿＿＿＿方法可以获取指定“键”对应的“值”，并且可以在指定“键”不存在的时候返回指定值，如果不指定则返回 None。

31. 字典对象的＿＿＿＿＿＿方法返回字典中的“键-值对”列表。

32. 字典对象的＿＿＿＿＿＿方法返回字典的“键”列表。

33. 字典对象的＿＿＿＿＿＿方法返回字典的“值”列表。

34. 已知 x = {1:2}，那么执行语句 x[2] = 3 之后，x 的值为＿＿＿＿＿＿。

35. 表达式 {1, 2, 3, 4} - {3, 4, 5, 6}的值为＿＿＿＿＿＿。

36. 表达式 set([1, 1, 2, 3])的值为＿＿＿＿＿＿。

37. 使用列表推导式得到 100 以内所有能被 13 整除的数的代码可以写作＿＿＿＿。

38. 已知 x = {'a':'b', 'c':'d'}，那么表达式 'a' in x 的值为＿＿＿＿＿＿。

39. 已知 x = {'a':'b', 'c':'d'}，那么表达式 'b' in x 的值为＿＿＿＿＿＿。

40. 已知 x = {'a':'b', 'c':'d'}，那么表达式 'b' in x.values() 的值为＿＿＿＿＿＿。

41. 已知 x = [3, 5, 7]，那么表达式 x[10:]的值为＿＿＿＿。

42. 已知 x = [3, 5, 7]，那么执行语句 x[len(x):] = [1, 2]之后，x 的值为＿＿＿。

43. 已知 x = [3, 7, 5]，那么执行语句 x.sort(reverse=True)之后，x 的值为＿＿＿。

44. 已知 x = [3, 7, 5]，那么执行语句 x = x.sort(reverse=True)之后，x 的值为＿＿＿。

45. 已知 x = [1, 11, 111]，那么执行语句 x.sort(key=lambda x: len(str(x)), reverse=True) 之后，x 的值为＿＿＿＿＿＿。

46. 表达式 list(zip([1,2], [3,4])) 的值为＿＿＿＿＿＿。

47. 已知 x = [1, 2, 3, 2, 3]，执行语句 x.pop() 之后，x 的值为＿＿＿＿＿＿。

48. 表达式 list(map(list,zip(*[[1, 2, 3], [4, 5, 6]]))) 的值为＿＿＿＿＿＿。

49. 表达式 [x for x in [1,2,3,4,5] if x<3] 的值为＿＿＿＿＿＿。

50. 表达式 [index for index, value in enumerate([3,5,7,3,7]) if value == max([3,5,7,3,7])] 的值为＿＿＿＿＿＿。

51. 已知 x = [3,5,3,7]，那么表达式 [x.index(i) for i in x if i==3] 的值为＿＿＿＿。

52. 已知列表 x = [1, 2]，那么表达式 list(enumerate(x)) 的值为＿＿＿＿＿＿。

53. 已知 vec = [[1,2], [3,4]]，则表达式 [col for row in vec for col in row] 的值为＿＿＿＿＿＿＿＿。

54. 已知 vec = [[1,2], [3,4]]，则表达式 [[row[i] for row in vec] for i in range(len(vec[0]))] 的值为＿＿＿＿＿＿＿＿。

55. 已知 x = list(range(10))，则表达式 x[-4:] 的值为＿＿＿＿。

56. 已知 path = r'c:\test.html'，那么表达式 path[:-4]+'htm' 的值为＿＿＿＿。

57. 已知 x = [3, 5, 7]，那么执行语句 x[1:] = [2]之后，x 的值为＿＿＿＿＿＿。

58. 已知 x = [3, 5, 7]，那么执行语句 x[:3] = [2]之后，x 的值为＿＿＿＿＿＿。

59. 已知 x 为非空列表，那么执行语句 y = x[:]之后，id(x[0]) == id(y[0])的值为＿＿＿＿＿。

二、判断题

1. Python 支持使用字典的“键”作为下标来访问字典中的值。（ ）

2. 列表可以作为字典的“键”。（ ）

3. 元组可以作为字典的“键”。（ ）

4. 字典的“键”必须是不可变的。（ ）

5. 在 Python 3.5 中运算符+不仅可以实现数值的相加、字符串连接，还可以实现列表、元组的合并和集合的并集运算。（ ）

6. 已知 x 为非空列表，那么表达式 sorted(x, reverse=True) == list(reversed(x)) 的值一定是 True。（ ）

7. 已知 x 为非空列表，那么 x.sort(reverse=True)和 x.reverse()的作用是等价的。（ ）

8. 生成器推导式比列表推导式具有更高的效率，推荐使用。（ ）

9. Python 集合中的元素不允许重复。（ ）

10. Python 集合可以包含相同的元素。（ ）

11. Python 字典中的“键”不允许重复。（ ）

12. Python 字典中的“值”不允许重复。（ ）

13. Python 集合中的元素可以是元组。（ ）

14. Python 集合中的元素可以是列表。（ ）

15. Python 字典中的“键”可以是列表。（ ）

16. Python 字典中的“键”可以是元组。（ ）

17. Python 列表中所有元素必须为相同类型的数据。（ ）

18. Python 列表、元组、字符串都属于有序序列。（ ）

19. 已知 A 和 B 是两个集合，并且表达式 A<B 的值为 False，那么表达式 A>B 的值一定为 True。（ ）

20. 列表对象的 append()方法属于原地操作，用于在列表尾部追加一个元素。（ ）

三、程序题

1. 编写程序，生成一个包含 20 个随机整数的列表，然后对其中偶数下标的元素进行降序排列，奇数下标的元素不变。(★提示：使用切片。)

2. 从键盘输入一个列表，计算输出列表元素的平均值。示例如下：

输入：[2，3，5，7] 输出：平均值为： 4.25

3. 编写函数，模拟 Python 内置函数 sorted()。

4. 编写函数，给定任意字符串，找出其中只出现一次的字符，如果有多个这样的字符，就全部找出。

5. 一个班选举班长，选票放在一个字符串中，如：votes="张力,王之夏,Jams,韩梅梅,John,韩梅梅,john ,韩梅梅"，请编写程序统计每个人的得票数于字典中，并打印结果。★**提示：**字典样例如：result={"张力":3, "王之夏":3, " Jams ":3, "韩梅梅":10, " John ":8}。

6. 写出下面代码的执行结果______________。

```
def Join(List, sep=None):
    return (sep or '').join(List)
print(Join(['a', 'b', 'c']))
print(Join(['a', 'b', 'c'],':'))
```

7. 下面程序的执行结果是______________。

```
s = 0
for i in range(1,101):
    s += i
    if i == 50:
        print(s)
        break
else:
    print(1)
```

第 10 章　函数与模块

学习目标

（1）函数的快速体验。
（2）函数的基本使用。
（3）函数的参数。
（4）函数的返回值。
（5）函数的嵌套调用。
（6）使用模块中的函数。
（7）学习 lambda 函数。
（8）变量作用域。

10.1　函数的快速体验

1. 快速体验

所谓函数，就是把具有独立功能的代码块组织为一个小模块，在需要的时候调用。

函数的使用包含两个步骤。

（1）定义函数——封装独立的功能。

（2）调用函数——享受封装的成果。

函数的作用是，在开发程序时，使用函数可以提高编写的效率及代码的重用。

2. 演练步骤

（1）新建“Section10_函数与模块”文件夹。

（2）复制之前完成的乘法表文件 table.py 到新建的文件夹。

（3）修改文件，增加函数定义 def multiple_table()：

```
def multiple_table():
    #定义起始行
    row = 1
    #最大打印 9 行
    while row <= 9:
        #定义起始列
        col = 1
        # 最大打印 row 列
        while col <= row:
            # end = "", 表示输出结束后，不换行
```

```
            # "\t" 可以在控制台输出一个制表符，协助在输出文本时对齐
            print("%d * %d = %d" % (col, row, row * col), end="\t")
            # 列数 +1
            col += 1
        # 一行打印完成的换行
        print("")
        # 行数 +1
        row += 1
```

（4）新建另外一个文件，使用 import 导入 table 并且调用 multiple_table()函数并运行。

```
import table  #当前文件夹下的 table.py 文件作为模块导入
table. multiple_table()  #调用 table.py 文件中的 multiple_table()函数
```

10.2　函数基本使用

10.2.1　函数的定义

定义函数的格式如下：

```
def 函数名():
    函数封装的代码
    ……
```

（1）def 是英文 define 的缩写。

（2）函数名称应该能够表达函数封装代码的功能，方便后续的调用。

（3）函数名称的命名应该符合标识符的命名规则。

- 可以由字母、下画线和数字组成。
- 不能以数字开头。
- 不能与关键字重名。

10.2.2　函数调用

调用函数很简单，通过：函数名() ，即可完成对函数的调用。

10.2.3　第一个函数演练

需求：编写一个打招呼 say_hello 的函数，封装 3 行打招呼的代码，在函数下方调用打招呼的代码：

```
name = "小明"
# 解释器知道这里定义了一个函数
def say_hello():
    print("hello 1")
    print("hello 2")
```

```
    print("hello 3")
print(name)
# 只有在调用函数时，之前定义的函数才会被执行
# 函数执行完成之后，会重新回到之前的程序中，继续执行后续的代码
say_hello()
print(name)
```

用单步执行 F8 和 F7 观察以上代码的执行过程。

要知道：

（1）定义好函数之后，只表示这个函数封装了一段代码而已。

（2）如果不主动调用函数，函数是不会主动执行的。

思考：能否将函数调用放在函数定义的上方？

答案是不能！因为在使用函数名调用函数之前，必须要保证 Python 已经知道函数的存在，否则控制台会提示 NameError: name 'say_hello' is not defined （名称错误：say_hello 这个名字没有被定义）。

10.2.4 PyCharm 的调试工具

（1）F8 Step Over 可以单步执行代码，会把函数调用看作是一行代码直接执行。

（2）F7 Step Into 可以单步执行代码，如果是函数，会进入函数内部。

10.2.5 函数的文档注释

（1）在开发中，如果希望给函数添加注释，应该在定义函数的下方，使用连续的 3 对引号，单、双引号都可以。

（2）在连续的 3 对引号之间编写对函数的说明文字。

（3）在函数调用位置，使用快捷键 Ctrl + Q 可以查看函数的说明信息。

★注意：因为函数体相对比较独立，在函数定义的上方，应该和其他代码（包括注释）保留两个空行。

10.3 函数的参数和返回值

演练需求：

（1）开发一个 sum_2_num 的函数。

（2）函数能够实现两个数字的求和功能。

演练代码如下：

```
def sum_2_num():
    num1 = 10
    num2 = 20
    result = num1 + num2
```

```
    print("%d + %d = %d" % (num1, num2, result))

sum_2_num()
```

思考一下存在的问题，可以看到函数只能处理固定数值的相加。如何解决这个问题呢？

如果能够把需要计算的数字在调用函数时传递到函数内部就好了。

10.3.1　函数参数的使用

（1）在函数名后面的小括号内部填写参数。

（2）在多个参数之间使用“,”分隔。

```
def sum_2_num(num1, num2):
    result = num1 + num2
    print("%d + %d = %d" % (num1, num2, result))
sum_2_num(50, 20)
```

10.3.2　参数的作用

（1）函数。把具有独立功能的代码块组织为一个小模块，在需要的时候调用。

（2）函数的参数。增加函数的通用性，针对相同的数据处理逻辑，能够适应更多的数据。

•在函数内部，把参数当作变量使用，进行需要的数据处理。

•在函数调用时，按照函数定义的参数顺序，把希望在函数内部处理的数据通过参数传递。

10.3.3　形参和实参

（1）形参：在定义函数时，小括号中的参数是用来接收参数用的，在函数内部作为变量使用。

（2）实参：在调用函数时，小括号中的参数是用来把数据传递到函数内部用的。

10.3.4　函数的返回值

（1）在程序开发中，有时候，会希望一个函数执行结束后，告诉调用者一个结果，以便调用者针对具体的结果做后续的处理。

（2）返回值是函数完成工作后，最后给调用者的一个结果。

（3）在函数中使用 return 关键字可以返回结果。

（4）调用函数一方，可以使用变量来接收函数的返回结果。

★**注意：**return 表示返回，后续的代码都不会被执行。

```
def sum_2_num(num1, num2):
    """对两个数字的求和"""
    return num1 + num2
# 调用函数，并使用 result 变量接收计算结果
result = sum_2_num(10, 20)
```

```
print("计算结果是 %d" .format( result))
```

10.4 默认参数和可变参数

Python 支持定义参数个数可变的函数。实现参数个数可变可以采用两种方式：指定参数默认值、调用可变参数（包括*args 和**kargs，其中 args 为元组参数，kargs 为字典参数）。

10.4.1 参数默认值

1. 关于参数默认值

Python 一个有用的函数参数形式是给一个或多个参数指定默认值，这样创建的函数可以用较少的参数来调用。默认值参数必须从参数列表的最右侧开始，在两个有默认值的参数中间不能存在没有默认值的参数，如 def func(a,b=2,c,d=3)是非法的。

定义一个带参数默认值的函数：

```
def sum4data(a, b=4, c=5,d=6):
    s = a + b + c + d
    print(s)
sum4data (3)
```

数字 3 被赋值给函数中的 a，而 b，c，d 使用默认值赋值。这个函数还可以用这样调用：sum4data (1, 2)，数字 1，2 被依次赋值给 a，b，c=5，d=6。也就是说，如果参数默认赋值是从右向左进行的，可以看出参数 a 必须给赋值，可以称为必须参数。

函数的默认值在函数定义范围内被解析，离开这个范围无效，下面这段代码说明了这一点。

```
i = 5
def fun ( arg = i):
    print(arg)
i = 6
fun ()
```

以上代码会打印 5。

★**重要警告：**默认值只会解析一次。当默认值是一个可变对象，如列表、字典或大部分类实例时，会产生一些差异。

2. 关键字参数

对于有默认值参数的函数可以通过关键字参数形式来调用，形如"keyword = value"。如以下的函数。

关键字参数调用：

```
def func4data(c, x=1, y=2,z=3):
s = x*x*x + y*y + z + c
```

```
    print(s)
```

可以用以下的任一方法调用：

```
func4data (1000)
func4data (1, y = 3)   #1 为必需参数，y=3 为关键字参数
func4data (2, z=10)
func4data (1, 2, 3)
```

不过以下几种调用是无效的：

```
func4data ()                    #没有必需参数
func4data (y=5, 2)              #必需参数必须放在前面
func4data (11, c=1)             #参数重复
func4data (b=7)                 #未知的关键字参数
```

通常情况下，形式参数没有默认值，那么值就并不固定；形式参数有默认值，则实参列表中的每一个关键字都必须来自形式参数，每个参数都有对应的关键字。不能在同一次调用中对实参同时使用位置和关键字参数。下面的代码演示了在这种约束下所出现的失败情况。

```
def function (a=2):
    pass
function(0, a=0)
```

运行结果：

```
Traceback (most recent call last):
    File "<stdin>", line 1, in ?
TypeError: function() got multiple values for keyword argument 'a'
```

10.4.2 可变参数

最后，一个不常用的选择是可以让函数调用改变参数的个数，方法是把这些参数包装进一个元组（包装在列表里也可以，只是调用的时候，会自动转换为元组）。在这些可变个数的参数之前，可以有零到多个普通的参数。此外，可变参数也可以是字典，如果是字典，形式参数要在字典变量名前加两个星号，即** kargs，其中 kargs 为字典。普通参数，元组参数（列表参数）和字典参数在一起的时候，Python 要求普通参数在前，元组参数（列表参数）在中间，字典参数在最后，如 def func(x,y,*tuples,**kargs)。

可变参数演示：

```
def multi_sum( x, *args ):
    s = x * sum( args )
    return s
print (multi_sum (2, 3, 4, 5) )
```

运行结果：

24

其中参数 3，4，5 就是可变参数。

下面的综合例子演示了使用列表或元组作为实参调用函数：

```
>>> l=[1,2,3]
>>> t=(4,5,6)
>>> d={'a':7,'b':8,'c':9}
>>> def test(a,*args):
        print(a,args)
>> test(1,l)
1 ([1, 2, 3],)
>>> test(2,*l)
2 (1, 2, 3)
>>> test(3,t)
3 ((4, 5, 6),)
>>> test(4,*t)
4 (4, 5, 6)
```

下面进一步演示了普通参数、列表（元组）参数及字典参数的混合使用与调用：

```
#带一个*的是元组，带两个*的是字典。
def func(x=5,*tuples,**kargs):
    print('x=',x)
        for item in tuples:
        print('元组元素',item)
    for first_part,second_part in dicts.items():
        print(first_part,second_part)
func(20,5,6,7,Jack=1523,James=1235,Alice=1760)
```

运行结果：

```
x= 20
元组元素: 5
元组元素: 6
元组元素: 7
Jack 1523
James 1235
Alice 1760
```

从上面的演示可以看出，也可以用**kargs 这样的字典参数作为函数的默认值参数使用。

10.5　函数的嵌套调用

一个函数里面又调用了另外一个函数，这就是函数的嵌套调用。如果在函数 test2 中，调用了另外一个函数 test1，那么执行到调用 test1 函数时，会先把函数 test1 中的任务都执行完，才会回到 test2 中调用函数 test1 的位置，继续执行后续的代码。下面的代码就演示了函数嵌套调用的过程。

```
def test1():
    print("*" * 50)
    print("test 1")
    print("*" * 50)
def test2():
    print("-" * 50)
    print("test 2")
    test1()
    print("-" * 50)
test2()
```

函数嵌套调用的演练——打印分隔线

体会一下工作中需求是多变的。

需求 1：定义一个 print_line 函数能够打印 * 组成的一条分隔线。

```
def print_line(char):
    print("*" * 50)
```

需求 2：定义一个函数能够打印由任意字符组成的分隔线。

```
def print_line(char):
    print(char * 50)
```

需求 3：定义一个函数能够打印任意重复次数的分隔线。

```
def print_line(char, times):
    print(char * times)
```

需求 4：定义一个函数能够打印 5 行的分隔线，分隔线要求符合需求 3。

```
def print_line(char, times):
    print(char * times)
def print_lines(char, times):
    row = 0
    while row < 5:
        print_line(char, times)
        row += 1
```

★**提示**：工作中针对需求的变化，应该冷静思考，不要轻易修改之前已经完成的、能够正常执行的函数。

10.6 使用模块中的函数

模块是 Python 程序架构的一个核心概念。

（1）模块如同一个工具包，要想使用这个工具包中的工具，就需要导入（import）这个模块。

（2）每一个以扩展名 .py 结尾的 Python 源代码文件都是一个模块。

（3）在模块中定义的全局变量、函数都是模块能够提供给外界直接使用的工具。

10.6.1 第一个模块体验

步骤：

（1）新建分隔线模块 hm_10_module01.py。复制 10.5 节最后一段程序中的内容。增加一个字符串变量。

```
name = "黑马程序员"
```

（2）新建体验模块 hm_10_ module02.py 文件，并且编写以下代码：

```
import hm_10_module01
hm_10_module01.print_line("-", 80)
print(hm_10_ module01.name)
hm_10_module01.print_line("-", 80)
```

运行 hm_10_ module02.py，结果如下：

```
--------------------------------------------------------------------------------
黑马程序员
--------------------------------------------------------------------------------
```

体验小结：

（1）可以在一个 Python 文件中定义变量或函数。

（2）然后在另外一个文件中使用，import（导入）这个模块。

（3）导入之后，就可以使用模块名.变量 / 模块名.函数的方式，使用在这个模块中定义的变量或函数。

模块可以让曾经编写过的代码方便地被复用。

10.6.2 模块名也是一个标识符

（1）标识符可以由字母、下画线和数字组成。

（2）不能以数字开头。

（3）不能与关键字重名。

★**注意**：如果在给 Python 文件起名时，以数字开头是无法在 Python 中导入这个模块的。

10.6.3　模块的分类和组织

1.模块的分类

（1）自定义模块。自定义模块，就是自己编写的.py 文件，即自己编写的 Python 程序文件。

（2）标准库模块。标准库模块，是 Python 自带的库模块，如 math 库、random 库、os 库等。

（3）第三方模块。除了自带的库模块，Python 还有大量的第三方模块（三方库），要使用第三方模块，首先必需安装第三方模块。

2.模块的组织

对于大型软件的开发，不可能把所有代码都存放到一个文件中，那样会使得代码很难维护。对于复杂的大型系统，可以使用包（特殊文件夹）来管理多个模块。包是 Python 用来组织命名空间和类的重要方式，可看作是包含大量 Python 程序模块的文件夹。在包的每个文件夹中都必须包含一个__init__.py 文件，该文件可以是一个空文件，用于表示当前文件夹是一个包。__init__.py 文件的主要用途是设置__all__变量及执行初始化包所需的代码，其中__all__变量中定义的对象可以通过使用“from xxx import *”全部被正确导入（xxx 为包名）。

3.第三方模块的安装

安装第三方模块（三方库）有多种不同的方法和工具，其中采用包管理工具 pip 是最常见的管理方式。使用 pip 必须是联网状态，通过简单的命令就可以实现第三方模块的安装、卸载和更新等。常用的 pip 命令参数见表 10-1（xxx 为第三方库名，如 numpy）。

表 10-1　常用 pip 命令使用方法

命令	命令解释
pip install xxx	安装 xxx 三方库
pip install –upgrade xxx	更新 xxx 三方库
pip list	列出所有安装的三方库
pip uninstall xxx	卸载 xxx 库

4.模块的引用

引用模块使用 import，有以下 4 种引用方式：

```
import 模块名
import 模块名 as 别名
from 模块名 import 模块内的标识符名 [as 别名]
from 模块名 import* #谨慎使用
```

举例如下：

```
>>>import math
>>>math.sin(0.5)
>>>import random
>>>x=random.random( )
>>>y=random.random( )
>>>n=random.randint(1,100)
>>> from math import sin
>>> sin(3)
0.1411200080598672
>>> from math import sin as f    #别名
>>> f(3)
0.141120008059867
```

模块是 Python 程序架构的一个核心概念。

10.6.4 Pyc 文件

这里 c 是 compiled 编译过的意思。

1.操作步骤

（1）浏览程序目录会发现一个 _ _pycache_ _ 的目录。

（2）目录下会有一个 hm_10_分隔线模块.cpython-35.pyc 文件，cpython-35 表示 Python 解释器的版本。

（3）这个 pyc 文件是由 Python 解释器将模块的源码转换为字节码。Python 这样保存字节码是作为一种启动速度的优化。

2.字节码

（1）Python 在解释源程序时是分成两个步骤的。首先处理源代码，编译生成一个二进制字节码。再对字节码进行处理，才会生成 CPU 能够识别的机器码。

（2）有了模块的字节码文件之后，下一次运行程序时，如果在上次保存字节码之后没有修改过源代码，Python 将会加载 .pyc 文件并跳过编译这个步骤。

（3）当 Python 重编译时，它会自动检查源文件和字节码文件的时间戳。

（4）如果编程者又修改了源代码，下次程序运行时，字节码将自动重新创建。

10.7 lambda 函数

通过 lambda 关键字，可以创建短小的匿名函数。如一个 lambda 函数："lambda a, b: a+b"，返回两个参数的和。lambda 形式可以用于任何需要的函数对象。出于语法限制，它们只能有一个单独的表达式。语义上讲，它们只是普通函数定义中的一个语法技巧。类似于嵌套函数定义，lambda 函数可以从包含范围内引用变量。如下面的例子使用了 lambda，lambda 引用了参数变量 n。

```
>>>def make_incrementor (n):
    return lambda x: x + n
>>>f = make_incrementor (42)    #可以看出 f 是函数名
>>>f (0)
42
>>>f (1)
43
```

lambda 用于参数为函数名的函数调用例子：实现加减乘除运算的操作函数。

```
>>>def operate(x,y,callback):
    return callback(x,y)
#加法调用
>>>operate (2,3,lambda x,y:x+y)
```

即：x+y 的结果

lambda x,y:x+y 等价于：

```
def ???(x,y):
        return x+y
```

```
#减法
>>>operate (2,3,lambda x,y:x-y)
#乘法
>>>operate (2,3,lambda x,y:x*y)
#除法
>>>operate (2,3,lambda x,y:x/y)
```

10.8　变量作用域

根据程序中变量所在的位置和作用范围，变量分为局部变量、全局变量和内嵌函数与闭包。

10.8.1　局部变量

局部变量仅在函数内部且作用域也在函数内部，全局变量的作用域跨越多个函数。局部变量指在函数内部使用的变量，仅在函数内部有效，当函数退出时变量将不再存在。

```
>>>def multiply(x, y = 10):
        z = x*y       #z 是函数内部的局部变量
        return z
```

```
>>>s = multiply(99, 2)
>>>print(s)
198
>>>print(z)
Traceback (most recent call last):
  File "<pyshell#11>", line 1, in <module>
    print(z)
NameError: name 'z' is not defined
```

变量 z 是函数 multiple()内部使用的变量，当函数调用后，变量 z 将不存在。

10.8.2 全局变量

全局变量指在函数之外定义的变量，在程序执行全过程有效。全部变量在函数内部使用时，需要提前使用保留字 global 声明，语法形式如下：

```
global <全局变量>
```

```
>>>n = 2      #n 是全局变量
>>>def multiply(x, y = 10):
        global n
        return x*y*n      # 使用全局变量 n
>>>s = multiply(99, 2)
>>>print(s)
396
```

上例中，变量 n 是全局变量，在函数 multiply()中使用时需要在函数内部使用 global 声明，定义后即可使用。

如果未使用保留字 global 声明，即使名称相同，也不是全局变量。

```
>>>n = 2      #n 是全局变量
>>>def multiply(x, y = 10):
        n = x*y
        return n      # 此处的 n 不是全局变量
>>>s = multiply(99, 2)
>>>print(s)
198
>>>print(n)   #不改变外部全局变量的值
2
```

10.8.3 内嵌函数与闭包

在 Python 中，由于一切都是对象，因此允许函数内部创建另一个函数。

1. 内嵌函数

内嵌函数（允许在函数内部创建另一个函数，也叫内部函数）举例如下：

```
def fun1():
    print('fun1 is calling...')
    def fun2():
        print('fun2 is calling...')
    fun2()
    print('fun1 end...')
fun1()
```

运行结果：

```
fun1 is calling...
fun2 is calling...
fun1 end...
```

说明：内部函数整个作用域都在外部函数之内，内部函数的定义和调用都在外部函数之内，除了外部函数之外，就没有任何对 fun2 的调用了。

2. 闭包

闭包是函数式编程的重要语法结构。如果在一个内部函数被外部作用域（但不是全局作用域的变量）进行引用，那么内部函数会被认为是闭包。示例如下：

```
def fun_x(x):              #外部作用域的变量 x
    def fun_y(y):          #内部函数（闭包）
        return x * y     #引用了 x 变量
    return fun_y
i = fun_x(8)
print(i)   #<function fun_x.<locals>.fun_y at 0x000002889E0E8510>
print(type(i))   #<class 'function'>
print(i(9))   #72
print(fun_x(8)(9))   #72
```

运行结果：

```
<function fun_x.<locals>.fun_y at 0x0000024F56671E18>
<class 'function'>
72
72
```

10.8.4 nonlocal 的使用

变量使用不当会报错，这时候，一般可以在函数内用 nonlocal 关键字声明 x 不是一个局部变量。

如下面的程序会报错：

```
def fun1():
    x = 8
    def fun2():
        print(x)    # 8
        x += x    #
        return x
    return fun2()
print(fun1()) #UnboundLocalError: local variable 'x' referenced before assignment
```

要想处理这个错误，一种方法是把 **x** 改为列表：

```
def fun1():
    x = [8]
    print(x[0])   #8
    def fun2():
        print(x[0]) #5
        x[0] += x[0]
        return x[0]
    return fun2()
print(fun1())    #16
```

还有一种方法是在内嵌函数中申明 **x** 为 **nonlocal**：

```
def fun1():
    x = 8
    def fun2():
        nonlocal x   #申明 x 不是 fun2 这个函数的局部变量
        x += x
        return x
return fun2()
print(fun1())    #16
```

10.9 函数名的一些特殊用法

前面章节介绍了 Python 中函数名有一些特殊的用法，这里进一步总结和介绍。首先，Python 中函数名是可以作为函数的参数，主要有两种用法，一种是正常的函数名作为参数，另外一种是函数装饰器。其次，函数名可以直接赋值给一个变量，那么该变量就可以当作函数使用：

```
>>> def add_xy(x,y):
    return x+y
>>> addxy = add_xy
>>> addxy(2,3)
5
```

此外，函数的返回值还可以是函数名，功能类似于函数名赋值给变量。函数名作为函数的参数的另外两种用法下面详细介绍。

10.9.1　函数名作为函数的参数

```
#定义一个函数名作为参数的函数
def operate(x,y,callback):
    return callback(x,y)
#定义两个普通函数
def add(x,y):
    return x+y
def sub(x,y):
return x-y
#调用
a=operate(2,3,add)
b=operate(5,3,sub)
print(a,b)
```

运行结果:

```
5 2
```

10.9.2　装饰器

Python 中装饰器的使用很广泛，下面的代码演示了用装饰器获取一个函数的运行时间。

```
import time
def excuteTime(func):
    def wrapper():
        start_time = time.time()
        func()
        end_time = time.time()
        execution_time = (end_time - start_time)*1000
        print("运行了{} ms" .format(execution_time) )
    return wrapper
```

```
@ excuteTime
def f():
    print("hello")
    time.sleep(1)
    print("world")

f()
```

运行结果:

```
hello
world
运行了 1062 ms
```

@excuteTime 加在 f 函数前，相当于调用 f 函数的时候，先用 f 函数名作为参数，调用 excuteTime 函数，即类似于函数调用 excuteTime (f)。此功能经常用于授权检查、日志记录、Web 开发中的路由地址管理等。

习　题

一、填空题

1. Python 安装第三方库常用的是________工具。

2. 使用 pip 工具升级科学计算扩展库 numpy 的完整命令是__________________。

3. 使用 pip 工具查看当前已安装的 Python 扩展库的完整命令是______________。

4. 已知函数定义 def func(*p):return sum(p)，那么表达式 func(1,2,3) 的值为____。

5. 已知函数定义 def func(*p):return sum(p)，那么表达式 func(1,2,3, 4) 的值为__。

6. 已知 f = lambda x: 5，那么表达式 f(3)的值为______________。

二、判断题

1. 尽管可以使用 import 语句一次导入任意多个标准库或扩展库，但是仍建议每次只导入一个标准库或扩展库。（ ）

2. 函数是代码复用的一种方式。（ ）

3. 定义函数时，即使该函数不需要接收任何参数，也必须保留一对空的圆括号来表示这是一个函数。（ ）

4. 编写函数时，一般建议先对参数进行合法性检查，然后再编写正常的功能代码。（ ）

5. 一个函数如果带有默认值参数，那么必须所有参数都设置默认值。（ ）

6. 定义 Python 函数时必须指定函数返回值类型。（ ）

7. 定义 Python 函数时，如果函数中没有 return 语句，则默认返回空值 None。（ ）

8. 如果在函数中有语句 return 3，那么该函数一定会返回整数 3。（ ）

9. 函数中必须包含 return 语句。（ ）

10. 函数中的 return 语句一定能够得到执行。（ ）

11. 不同作用域中的同名变量之间互相不影响，也就是说，在不同的作用域内可以定义同名的变量。（ ）

12. 全局变量会增加不同函数之间的隐式耦合度，从而降低代码可读性，因此应尽量避免过多使用全局变量。（ ）

13. 函数内部定义的局部变量当函数调用结束后被自动删除。（ ）

14. 在函数内部，既可以使用 global 来声明使用外部全局变量，也可以使用 global 直接定义全局变量。（ ）

15. 在函数内部没有办法定义全局变量。（ ）

16. 在函数内部直接修改形参的值并不影响外部实参的值。（ ）

17. 在函数内部没有任何方法可以影响实参的值。（ ）

18. 调用带有默认值参数的函数时，不能为默认值参数传递任何值，必须使用函数定义时设置的默认值。（ ）

19. 在同一个作用域内，局部变量会隐藏同名的全局变量。（ ）

20. 形参可以看作是函数内部的局部变量，函数运行结束之后形参就不可访问了。（ ）

21. 在定义函数时，某个参数名字前面带有一个*符号表示可变长度参数，可以接收任意多个普通实参并存放于一个元组之中。（ ）

22. 在定义函数时，某个参数名字前面带有两个*符号表示可变长度参数，可以接收任意多个关键参数并将其存放于一个字典之中。（ ）

23. 定义函数时，带有默认值的参数必须出现在参数列表的最右端，任何一个带有默认值的参数右边不允许出现没有默认值的参数。（ ）

24. 在调用函数时，可以通过关键参数的形式进行传值，从而避免必须记住函数形参顺序的麻烦。（ ）

25. 在调用函数时，必须牢记函数形参顺序才能正确传值。（ ）

26. 调用函数时传递的实参个数必须与函数形参个数相等才行。（ ）

27. 在编写函数时，建议首先对形参进行类型检查和数值范围检查之后再编写功能代码，或者使用异常处理结构，尽量避免代码抛出异常而导致程序崩溃。（ ）

三、程序题

1. 写出下面代码的运行结果。

```
def Sum(a, b=3, c=5):
```

```
    return sum([a, b, c])
print(Sum(a=8, c=2))
print(Sum(8))
print(Sum(8,2))
```

2. 写出下面代码的运行结果。

```
def Sum(*p):
    return sum(p)
print(Sum(3, 5, 8))
print(Sum(8))
print(Sum(8, 2, 10))
```

3. 编写函数，参数为年份，判断参数是否为闰年。如果年份能被 400 整除，则为闰年，返回 True；如果年份能被 4 整除但不能被 100 整除也为闰年，返回 True，否则返回 False。

第 11 章　文件的使用

学习目标

（1）文件操作。

（2）内置库 os，os.path。

（3）文件数据处理。

11.1　文件基本操作

为了长期保存数据以便重复使用、修改和共享，必须将数据以文件的形式存储到外部存储介质（如磁盘、U 盘、光盘或云盘、网盘、快盘等）中。文件操作在各类应用软件的开发中均占有重要的地位。

11.1.1　文件分类

按文件中数据的组织形式把文件分为文本文件和二进制文件两类。

（1）文本文件。文本文件存储的是常规字符串，由若干文本行组成，通常每行以换行符'\n'结尾。常规字符串是指记事本或其他文本编辑器能正常显示、编辑并且人类能够直接阅读和理解的字符串，如英文字母、汉字、数字字符串。文本文件可以使用字处理软件如 gedit、记事本进行编辑。

（2）二进制文件。二进制文件把对象内容以字节串（bytes）形式进行存储，无法用记事本或其他普通字处理软件直接进行编辑，通常也无法被人类直接阅读和理解，需要使用专门的软件进行解码后读取、显示、修改或执行。常见的如图形图像文件、音视频文件、可执行文件、资源文件、各种数据库文件、各类 Office 文档等都属于二进制文件。

11.1.2　文件内容操作

文件内容操作的步骤为打开、读写、关闭。文件打开的内置函数 open()详细格式如下：

```
open(file, mode='r', buffering=1, encoding=None, errors=None, newline=None, closefd=True,
  opener=None)
```

（1）文件名 file 指定了被打开的文件名称。

（2）打开模式 mode 指定了打开文件后的处理方式。

（3）缓冲区 buffering 指定了读写文件的缓存模式。0 表示不缓存，1 表示缓存，如大于 1 则表示缓冲区的大小。默认值是缓存模式。

（4）参数 encoding 指定对文本进行编码和解码的方式，只适用于文本模式，可以使用 Python 支持的任何格式，如 GBK、utf8、CP936 等。

（5）如果执行正常，open()函数返回 1 个可迭代的文件对象，通过该文件对象可以对文件进行读写操作。如果指定文件不存在、访问权限不够、磁盘空间不够或其他原因导致创建文件对象失败则抛出异常。

下面的代码分别以读、写方式打开了两个文件并创建了与之对应的文件对象。

```
f1 = open( 'file1.txt', 'r' )
f2 = open( 'file2.txt', 'w')
```

当对文件内容操作完以后，一定要关闭文件对象，这样才能保证所做的任何修改都确实被保存到文件中。即：

```
f1.close()
f2.close()
```

需要注意的是，即使写了关闭文件的代码，也无法保证文件一定能够正常关闭。例如，如果在打开文件之后和关闭文件之前发生了错误，导致程序崩溃，这时文件就无法正常关闭。在管理文件对象时推荐使用 with 关键字，可以有效地避免这个问题。

（1）用于文件内容读写时，with 语句的用法如下：

```
with open(filename, mode, encoding) as fp:
    #这里写通过文件对象 fp 读写文件内容的语句
```

（2）另外，上下文管理语句 with 还支持下面的用法，进一步简化了代码的编写。

```
with open('test.txt', 'r') as src, open('test_new.txt', 'w') as dst:
    dst.write(src.read())
```

11.1.3　文件打开方式

Open()函数的第二个参数是 mode，这个参数就是表明文件的打开方式的， mode 参数可以使用的值及其含义见表 11-1。

表 11-1　文件打开方式

模式	说明
r	读模式（默认模式，可省略），如果文件不存在则抛出异常
w	写模式，如果文件已存在，先清空原有内容
x	写模式，创建新文件，如果文件已存在则抛出异常
a	追加模式，不覆盖文件中原有内容
b	二进制模式（可与其他模式组合使用）
t	文本模式（默认模式，可省略）
+	读、写模式（可与其他模式组合使用）

11.1.4　文件对象的属性

一个文件被打开后，有一个 file 对象，通过它可以得到有关该文件的各种信息。表 11-

2 是和 file 对象相关的所有属性的列表。

表 11-2　文件（file）对象的属性

属性	描述
file.closed	返回 True，如果文件已关闭，则返回 False
file.mode	返回被打开文件的访问模式
file.name	返回文件的名称
file.softspace	如果用 print 输出后，必须跟一个空格符，返回 True，否则返回 False

查看一个文件对象的基本属性的演示：

```
# 打开一个文件
fo = open("pythonlearning.txt", "w")
print( "文件名: ", fo.name)
print ("是否已关闭: ", fo.closed)
print ("访问模式: ", fo.mode)
print ("末尾是否强制加空格: ", fo.softspace)
fo.close()
```

运行结果：

```
文件名: pythonlearning.txt
是否已关闭: False
访问模式: w
末尾是否强制加空格: 0
```

上面例子中的最后一行是文件对象 close()方法，这个方法刷新缓冲区里任何还没写入的信息，并关闭该文件，这之后便不能再进行写入。当一个文件对象的引用被重新指定给另一个文件时，Python 会自动关闭之前的文件。用 close()方法关闭文件是一个很好的习惯。下面进一步介绍文件对象的常用方法。

11.1.5　文件对象的常用方法

表 11-3 列出了文件对象的常用方法。

下面对文件对象的最常用方法，举例说明。

文件打开与关闭的演示：

```
#打开一个文件
fo = open("pythonlearning.txt", "w")
print ("文件名: ", fo.name)
#关闭打开的文件
```

fo.close()

表 11-3 文件（file）对象的常用方法

方法	功能说明
close()	把缓冲区的内容写入文件，同时关闭文件，并释放文件对象
detach()	分离并返回底层的缓冲，底层缓冲被分离后，文件对象不再可用，不允许做任何操作
flush()	把缓冲区的内容写入文件，但不关闭文件
read([size])	从文本文件中读取 size 个字符（Python 3.x）的内容作为结果返回，或者从二进制文件中读取指定数量的字节并返回，如果省略 size 则表示读取所有内容
readable()	测试当前文件是否可读
readline()	从文本文件中读取一行内容作为结果返回
readlines()	把文本文件中的每行文本作为一个字符串存入列表中，返回该列表，对于大文件会占用较多内存，不建议使用
seek(offset[,whence])	把文件指针移动到新的位置，offset 表示相对于 whence 的位置。whence 为 0 表示从文件头开始计算，若为 1 则表示从当前位置开始计算，若为 2 表示从文件尾开始计算，默认为 0
seekable()	测试当前文件是否支持随机访问，如果文件不支持随机访问，则调用方法 seek()、tell()和 truncate()时会抛出异常
tell()	返回文件指针的当前位置
truncate([size])	删除从当前指针位置到文件末尾的内容。如果指定了 size，则不论指针在什么位置都只留下前 size 个字节，其余的一律删除
write(s)	把 s 的内容写入文件
writable()	测试当前文件是否可写
writelines(s)	把字符串列表写入文本文件，不添加换行符

write()方法可将任何字符串写入一个打开的文件，Python 字符串可以是二进制数据，或者是文字。write()方法不会在字符串的结尾自动添加换行符('\n')：

写入文件的演示：

```
#打开一个文件
fo = open("pythonlearning.txt", "w")
fo.write( "www.pythonlearning.com!\nVery good site for learing python!\n")
#关闭打开的文件
fo.close()
```

read()方法从一个打开的文件中读取一个字符串，Python 字符串可以是二进制数据，或者是文字。

读出文件的演示：

```
#打开一个文件
fo = open("pythonlearning.txt", "r+")
str = fo.read(22)
print ("读取的字符串是: {}" .format(str) )
#关闭打开的文件
fo.close()
```

tell()方法返回文件指针的当前位置，即指出文件对象操作文件的当前位置，换句话说，下一次的读写会发生在文件开头这么多字节之后。

seek(offset[,whence])方法把文件指针移动到新的位置，即改变当前文件操作位置。offset 变量表示要移动的字节数。whence 变量指定开始移动字节的参考位置。如果 whence 被设为 0，这意味着将文件的开头作为移动字节的参考位置。如果它被设为 1，则使用当前的位置作为参考位置。如果它被设为 2，那么该文件的末尾将作为参考位置。

文件位置重新定位的演示：

```
#打开一个文件
fo = open("pythonlearning.txt", "r+")
str = fo.read(22)
print ("读取的字符串是: {}".format(str) )
#查找当前位置
position = fo.tell()
print ("当前文件位置: ", position)
#把指针再次重新定位到文件开头
position = fo.seek(0, 0)
str = fo.read(22)
print ( "重新读取字符串: ", str)
#关闭打开的文件
fo.close()
```

运行结果：

```
读取的字符串是: www.pythonlearning.com
当前文件位置: 22
重新读取字符串: www.pythonlearning.com
```

11.2 文件的内置库

11.2.1 os 模块常用的文件操作函数

表 11-4 为 os 模块常用的文件操作函数。

表 11-4 os 模块常用的文件操作函数

方法	功能说明
rename(path1, path2)	文件或文件夹重命名，path1 改名为 path2
remove(file)	删除指定文件 file
access(path, mode)	测试是否可以按照 mode 指定的权限访问文件
chmod(path, mode, *, dir_fd=None, follow_symlinks=True)	改变文件的访问权限
name	判断现在正在使用的平台，Windows 返回 'nt'; Linux 返回'posix'
linesep	获取操作系统的换行符号，window 为 \r\n，Linux/Unix 为 \n
stat(file)	获得文件 file 属性
system(str)	运行 shell 命令，str 为命令字符串

重命名一个已经存在的文件演示：

```
import os
#将文件名"test1.txt"改为"test2.txt"
os.rename( "test1.txt", "test2.txt" )
```

删除一个已经存在的文件演示：

```
import os
#删除一个已经存在的文件 test2.txt
os.remove("test2.txt")
```

11.2.2 os 模块常用的文件夹操作函数

表 11-5 为 os 模块常用的文件夹操作函数。

使用 listdir 查看某个文件夹下的所有文件和文件夹的演示：

```
import os, sys
#设置文件路径变量 path
path = "../"    #父文件夹
dirs = os.listdir( path )
```

```
#输出所有文件和文件夹
for file in dirs:
    print(file)
```

表 11-5　os 模块常用的文件夹操作函数

函数名称	使用说明
mkdir(path[, mode=0o777])	创建文件夹，要求上级文件夹必须存在
makedirs(path1/path2…, mode=511)	创建多级文件夹，会根据需要自动创建中间缺失的文件夹
rmdir(path)	删除文件夹，要求该文件夹中不能有文件或子文件夹
removedirs(path1/path2…)	删除多级文件夹
listdir(path)	返回指定文件夹下所有文件信息
getcwd()	返回当前工作文件夹
chdir(path)	把 path 设为当前工作文件夹
curdir	当前文件夹
sep	获取系统路径间隔符号，Windows 为\，Linux 为/
walk(top, topdown=True, onerror=None)	遍历文件夹树，该方法返回一个元组，包括 3 个元素：所有路径名、所有文件夹列表与文件列表

获取当前路径及路径下全部文件的演示：

```
import os
os.getcwd()    # 获取当前路径
os.listdir(os.getcwd()) # 列举当前路径下的文件
```

使用 os. walk 遍历当前文件夹的演示：

```
import os
for path, dirs, files in os.walk(".", topdown=False):
    print("文件:")
    for name in files:
        print(os.path.join(path, name))
    print("文件夹:")
    for name in dirs:
        print(os.path.join(path, name))
```

11.2.3　os.path 常用的文件和文件夹操作函数

表 11-6 为 os.path 常用的文件操作函数。

表 11-6　os.path 常用的文件操作函数

方法	功能说明
abspath(path)	返回给定路径的绝对路径
basename(path)	返回指定路径的最后一个组成部分
commonpath(paths)	返回给定的多个路径的最长公共路径
commonprefix(paths)	返回给定的多个路径的最长公共前缀
dirname(path)	返回给定路径的文件夹部分
exists(path)	判断文件是否存在
getatime(filename)	返回文件的最后访问时间
getctime(filename)	返回文件的创建时间
getmtime(filename)	返回文件的最后修改时间
getsize(filename)	返回文件的大小
isabs(path)	判断 path 是否为绝对路径
isdir(path)	判断 path 是否为文件夹
isfile(path)	判断 path 是否为文件
join(path,　*paths)	连接两个或多个 path
realpath(path)	返回给定路径的绝对路径
relpath(path)	返回给定路径的相对路径，不能跨越磁盘驱动器或分区
samefile(f1, f2)	测试 f1 和 f2 这两个路径是否引用的同一个文件
split(path)	以路径中的最后一个斜线为分隔符把路径分隔成两部分，以元组形式返回
splitext(path)	从路径中分隔文件的扩展名
splitdrive(path)	从路径中分隔驱动器的名称

Linux 下获取文件名和文件路径使用示例的演示：

```
import os
print( os.path.basename('/root/陈福明.txt') )        #返回文件名
print( os.path.dirname('/root/陈福明.txt') )        #返回文件夹路径
```

Linux 下输出的结果为：

```
陈福明.txt
/root
```

Linux 下文件路径拆分与合并的演示：

```
print( os.path.split('/root/陈福明.txt') )            #分割文件名与路径
print( os.path.join('root','test','陈福明.txt') )     #将文件夹和文件名合成一个路径
```

Linux 下输出的结果为：

```
('/root', '陈福明.txt')
root/test/陈福明.txt
```

Windows 下可以改写上面的完整的文件名和路径，然后运行查看输出结果。

获取文件各种时间属性的演示：

```
os.path.getctime(r'D:\Pythontest\ostest\hello.py')       #文件的创建时间
os.path.getmtime(r'D:\Pythontest\ostest\hello.py')       #文件的最后修改时间
os.path.getatime(r'D:\Pythontest\ostest\hello.py')       #文件的最后访问时间
```

执行结果为：

```
1481687717.8506615
1481695651.857048
1481687717.8506615
```

查看一个文件的字节数的演示：

```
os.path.getsize(r'D:\Pythontest\ostest\hello.py')
```

执行结果为：

```
58
```

判断文件是否存在的演示：

```
os.path.exists(r'D:\Pythontest\ostest\hello.py')
os.path.exists(r'D:\Pythontest\ostest\hello1.py')
```

执行结果为：

```
True
False
```

11.3　文件数据处理

11.3.1　有规则的文本文件的数据处理

1. 用分隔符分隔的字符文件数据处理

用固定分隔符分隔的字符文件数据，读取出来之后，可以直接用字符串的 split 方法，分割为列表。假如 strs.txt 文件中有 utf-8 编码的数据：陈福明，李晓丽，高兴，James，Tom，下例可以获得列表数据。

固定分隔符分隔的字符文件数据处理的演示：

```
with open("strs.txt","r",encoding="utf-8") as f:
    names = f.read()
```

```
    name_list = names.split(",")
print(name_list)
```

运行结果：

['陈福明', '李晓丽', '高兴', 'James', 'Tom']

获得列表数据后可以进一步进行数据处理。例如，csv 格式的文件就是常见的分隔符分隔的字符文件。此外，对于用空格、Tab 键、回车及换行键分割的文件数据，从文件中读取出字符串之后，可以直接用字符串的不带参数的 split 方法，直接分割为列表。

2. 用英文逗号分隔的数字文件数据处理

用英文逗号分隔的数字文件，读取出来之后，可以直接用字符串的 eval()函数，转换为元组。假如 **numbers.txt** 文件中有数字数据: 92,63,34,77,82，下例可以获得元组数据。

用英文逗号分隔的数字文件数据处理的演示：

```
with open("numbers.txt","r",encoding="utf-8") as f:
    numbers = f.read()
    number_tuple = eval(numbers)
    print(number_tuple)
```

运行结果：

(92, 63, 34, 77, 82)

获得元组数据后可以进一步进行数据处理。

11.3.2 高级数据的文件存取

1. 使用 str 和 eval 函数

对于高级数据，保存为文件的时候，一种方法是直接用内置函数 str()把高级数据转换为字符串，然后写入文件；读取时，读取出来的数据用 eval 函数转换为相应的数据类型即可。如下例。

使用 str()和 eval()函数通过文件存取高级数据的演示：

```
listdict = [
        2,
        {'姓名':"陈福明","性别":"男"},
        {'姓名':"李晓丽","性别":"女"}
    ]
def readListDict(filename):
    with open(filename,"r",encoding="utf-8") as f:
        listdict = eval(f.read())
        return listdict
def writeListDict(filename,listdict):
```

```
    with open(filename,"w",encoding="utf-8") as f:
        f.write(str(listdict))
filename = "listdict.txt"
writeListDict(filename,listdict)
listd = readListDict(filename)
print(listd)
```

输出结果：

[2, {'姓名': '陈福明', '性别': '男'}, {'姓名': '李晓丽', '性别': '女'}]

打开文件 listdict.txt，文件内容也是：[2, {'姓名': '陈福明', '性别': '男'}, {'姓名': '李晓丽', '性别': '女'}]

2. 使用 pickle 模块

pickle 模块是 Python 语言的一个标准模块，安装 Python 后已包含 pickle 库，不再需要单独安装。

pickle 模块实现了基本的数据序列化和持久化、反序列化。通过 pickle 模块的序列化操作能够将程序中运行的对象（Python 中就是字符串、高级数据等）信息保存到文件中去，永久存储；通过 pickle 模块的反序列化操作，能够从文件中创建上一次程序保存的对象。

所谓序列化过程，就是将对象（Python 中就是字符串、高级数据等）信息转变为二进制数据流，更容易存储在硬盘文件之中；当需要从硬盘上读取文件时，可将其反序列化得到原始的数据。有时需要将程序中的一些字符串、列表、字典等数据长久地保存下来，而不是简单地放入内存中，即使关机断电也不会丢失数据，方便以后使用。pickle 模块就派上用场了，它可以将对象转换为一种可以传输或存储的文件格式。

使用 pickle 存取高级数据的演示：

```
#保存到 db 文件(dump)：
li = [11,22,33]
pickle.dump(li,open('db','wb'))
#读取保存的列表(load)：
ret = pickle.load(open('db','rb'))
print(ret)
```

pickle 使用注意事项如下。

（1）pickle 只能在 Python 中使用，只支持 Python 的基本数据类型。

（2）序列化的时候，pickle 只是序列化了整个序列对象，而不是内存地址。

3. 使用 json 模块

json 模块是 Python 语言的一个标准模块，安装 Python 后已包含 json 库，不再需要单独安装。

Python 允许使用称为 json（JavaScript object notation）的数据交换格式，用户不用对复杂的数据类型进行特殊转换后保存到文件中。json 可以将数据层次结构化，并将它们转换为字符串表示形式，这个过程叫作序列化；从字符串表示重建数据称为反序列化。在序列化和反序列化之间，表示对象的字符串已存储在文件中，也可以通过网络连接发送到远程服务器。在 Python 中，列表、字典可以用 json 序列化。

json 数据格式的使用（dumps 和 loads）的演示：

```
import json
data = {"spam" : "foo", "parrot" : 42}
in_json = json.dumps(data)          #编码
print(in_json)
```

运行结果：

```
'{"parrot": 42, "spam": "foo"}'     #字符串形式
```

接前面的程序：

```
data=json.loads(in_json)      #解码成一个对象
print(data)
```

运行结果：

```
{"spam" : "foo", "parrot" : 42}     #对象形式
```

json 数据文件的使用（dump 和 load）的演示：

```
import json
data = {"name" : "Python", "count" : 46, "mark": [["A ", 7], ["B ", 16], ["C ", 14] , ["D ", 6] , ["E ", 3]] }
#保存数据到文件 record.json
with open("record.json","w") as dump_f:
    json.dump(data,dump_f)
    #从文件 record.json 读取数据
with open("record.json","r') as load_f:
    load_ data = json.load(load_f)
    print(load_ data)
load_ data ['pass'] = 43
print(load_ data)
```

运行结果：

```
{'name': 'Python', 'count': 46, 'mark': [['A ', 7], ['B ', 16], ['C ', 14], ['D ', 6], ['E ', 3]]}
{'name': 'Python', 'count': 46, 'mark': [['A ', 7], ['B ', 16], ['C ', 14], ['D ', 6], ['E ', 3]], 'pass': 43}
```

11.3.3 其他类型文件的数据处理

其他类型文件的数据，基本上都需要安装三方模块进行数据存取和处理，如 Excel 文件

可以使用三方模块 xlrd 和 xlwt 或 openpyxl 进行存取，也可以用 pandas 存取和数据处理。其中值得推荐的是 pandas 可以对多种文件的数据进行存取，而且数据处理能力强大。有兴趣的同学可以查找相关资料进行深入学习。

习　题

一、填空题

1. 对文件进行写入操作之后，______________方法用来在不关闭文件对象的情况下将缓冲区内容写入文件。

2. Python 内置函数____________用来打开或创建文件并返回文件对象。

3. 使用上下文管理关键字____________可以自动管理文件对象，不论何种原因结束该关键字中的语句块，都能保证文件被正确关闭。

4. Python 标准库 os 中用来列出指定文件夹中的文件和子文件夹列表的方式是__________。

5. Python 标准库 os.path 中用来判断指定文件是否存在的方法是__________。

6. Python 标准库 os.path 中用来判断指定路径是否为文件的方法是__________。

7. Python 标准库 os.path 中用来判断指定路径是否为文件夹的方法是__________。

8. Python 标准库 os.path 中用来分割指定路径中的文件扩展名的方法是__________。

二、判断题

1. 扩展库 os 中的方法 remove()可以删除带有只读属性的文件。（ ）

2. 使用内置函数 open()且以 w 模式打开的文件，文件指针默认指向文件尾。（ ）

3. 使用内置函数 open()打开文件时，只要文件路径正确就总是可以正确打开的。（ ）

4. 假设 os 模块已导入，那么列表推导式[filename for filename in os.listdir ('C:\\Windows') if filename.endswith('.exe')]的作用是列出 C:\Windows 文件夹中所有扩展名为.exe 的文件。（ ）

5. 二进制文件不能使用记事本程序打开。（ ）

6. 使用普通文本编辑器软件也可以正常查看二进制文件的内容。（ ）

7. 二进制文件也可以使用记事本或其他文本编辑器打开，但是一般来说无法正常查看其中的内容。（ ）

8. Python 标准库 os 中的方法 isfile()可以用来测试给定的路径是否为文件。（ ）

9. Python 标准库 os 中的方法 exists()可以用来测试给定路径的文件是否存在。（ ）

10. Python 标准库 os 中的方法 isdir()可以用来测试给定的路径是否为文件夹。（ ）

11. Python 标准库 os 中的方法 listdir()返回包含指定路径中所有文件和文件夹名称的列表。（ ）

12. 标准库 os 的 rename()方法可以实现文件移动操作。（ ）

13. 标准库 os 的 listdir()方法默认只能列出指定文件夹中当前层级的文件和文件夹列表，而不能列出其子文件夹中的文件。（ ）

14. 文件对象是可以迭代的。（ ）

15. 文件对象的 tell()方法用来返回文件指针的当前位置。（ ）

16. 以写模式打开的文件无法进行读操作。（ ）

17. 假设已成功导入 os 和 sys 标准库，那么表达式 os.path.dirname(sys.executable) 的值为 Python 安装文件夹。（ ）

三、程序题

1. 编写程序，在 D 盘根文件夹下创建一个文本文件 test.txt，并向其中写入字符串 hello world。

2. 一个 scores.txt 文件中存放了成绩列表，形如:[100,90,21,49,61,80,71,42,66…]，请统计优（大于等于 90）、良（80 到 89）、中（70 到 79）、及格（60 到 69）和不及格（小于 60）的人数到一个字典中，如：{'优':5, '良':35, '中':15, '及格':6, '不及格':5}，并打印字典结果。

★提示：列表字符串转列表可用 eval()函数。

3. 把一个数字的 list 从小到大进行排序，然后写入文件，再从文件中读取出文件内容，然后反序，最后追加到文件的下一行。

第 12 章　面向对象

学习目标

（1）理解面向对象思维。

（2）掌握类对象。

（3）掌握类方法和属性。

（4）掌握方法重载。

（5）掌握继承。

（6）理解多重继承。

12.1　一切皆对象

Python 从设计之初就已经是一门面向对象的语言了。Python 中一切皆为对象，类型的本质就是类，所以，实际上我们已经使用了很长时间的类了。因此，在 Python 中创建一个类和对象是很容易的。本章将详细介绍 Python 的面向对象编程思想和方法。

如果大家以前没有接触过面向对象的编程语言，那可能需要先了解一些面向对象语言的基本特征，形成一个基本的面向对象的思维，这样有助于更容易地学习 Python 面向对象编程。

例如，现在需要开发一个学生选课系统，那么从实体（或角色）的角度看，学生选课，至少需要 2 个实体（或角色），一个是学生，一个是课程，且学生和课程都有不同的功能，如学生选课，课程可以有增、删、改、查等功能，怎么描述这种不同的实体（或角色）和它们的功能呢？再如要开发一个人和怪兽大战的游戏，那么人有各种对付怪兽的方法，如拳打、脚踹、拿棍子打等，怪兽有多种伤害人的本领，如咬人、踢人、用尾巴打人等，此外，人和怪兽都有自己的生命值，生命值耗费完了就死亡一次等。这些功能看起来很复杂，其实只要把人和怪兽分开定义：首先定义人，有各种属性（如生命值，用变量表示）和方法（用函数实现）；然后再定义怪兽，有各种属性（如生命值，用变量表示）和方法（用函数实现）。这种编程思想其实就是简单的面向对象编程。大家体验一下，和前面编程的那种第一步怎么做，第二步怎么做的那种编程思维有什么不同。

接下来本书先简单地介绍面向对象的一些基本特征。

12.2　面向对象技术概述

在开始学习面向对象技术之前，先来明确一些技术术语。

（1）类（Class）。类是用来描述具有相同的属性和方法的对象的集合。它定义了该集合中每个对象所共有的属性和方法。如 12.1 节中提到的学生、课程、人、怪兽都是类。对象是类的实例，如把 12.1 节中的人具体化为张三打老虎怪，那么，张三就是人的实例，老虎怪就是怪兽的实例。

（2）方法。方法是类中定义的函数，如 12.1 节中怪兽中的咬人定义为一个函数，就是怪兽类的方法。

（3）局部变量。局部变量是定义在方法中的变量，只作用于当前实例的类，类似于前面学到的函数中的局部变量。

（4）实例变量。在类的声明中，属性是用变量来表示的。这种变量就称为实例变量，是在类声明的内部，但是在类的其他成员方法之外声明的。

（5）类变量。类变量在整个实例化的对象中是公用的。类变量定义在类中且在函数体之外。类变量通常不作为实例变量使用。

关于实例变量和类变量，下面通过例子进一步说明。

【例 12-1】类的定义。

```
class Cat:
  kind = ' Persian'      #类变量
  def __init__(self, name):
    self.name = name      #实例变量
```

类 Cat 中，类属性 kind 为所有实例所共享，为类变量；实例属性 name 为每个 Cat 的实例独有，为实例变量。

（6）数据成员。数据成员指类变量或实例变量用于处理类及其实例对象的相关的数据。

（7）方法重载。如果从父类继承的方法不能满足子类的需求，可以对其进行改写，这个过程叫方法的覆盖（override），也称为方法的重写或重载。后面将详细介绍。

（8）继承。即一个派生类（derived class）继承基类（base class）的字段和方法。继承也允许把一个派生类的对象作为一个基类对象对待。例如，有这样一个设计：一个 cat 类型的对象派生自 animal 类，这是模拟"是一个（is-a）"关系（cat 是一个 animal）。后面将详细介绍。

（9）实例化。实例化是创建一个类的实例，即类的具体对象，例如，把 12.1 节中的人实例化为张三打老虎怪，那么，张三，就是人的实例，老虎怪，就是怪兽的实例。

（10）对象。对象是通过类定义的数据结构实例。对象包括两类数据成员（类变量和实例变量）和方法。

与其他编程语言相比，Python 在尽可能不增加新的语法和语义的情况下加入了类机制。

Python 中的类提供了面向对象编程的所有基本功能：类的继承机制允许多个基类，派生类可以覆盖基类中的任何方法，方法中可以调用基类中的同名方法。

对象可以包含任意数量和类型的数据。

12.3　类的对象

类的对象支持两种操作：属性引用和实例化。属性引用使用和 Python 中所有的数据类型的属性引用一样的标准语法：obj.name，obj 为类的对象变量名称，name 为类的属性。类的对象创建后，类命名空间中所有的命名都是有效属性名。

【例 12-2】创建一个新的类。

```
class HelloClass:
  """一个简单的类实例"""
  i = 12345
  def f(self):
     return 'hello world'
#实例化类
x = HelloClass()         #访问类的属性和方法
print("HelloClass 类的属性 i 为：", x.i)
print("HelloClass 类的方法 f 输出为：", x.f())
```

以上创建了一个新的类实例并将该对象赋给局部变量 x，x 为实例化的空的对象。

执行以上程序输出结果为：

```
HelloClass 类的属性 i 为：12345
HelloClass 类的方法 f 输出为：hello world
```

类有一个名为 __init__() 的特殊方法（构造方法），该方法在类实例化时会自动调用，像下面这样：

```
def __init__(self):
    self.data = []
```

类定义了__init__() 方法，类的实例化操作会自动调用__init__() 方法。如下面实例化类 HelloClass，对应的__init__() 方法就会被调用：

```
x = HelloClass()
```

当然，__init__() 方法可以有参数，参数通过__init__() 传递到类的实例化操作上。

【例 12-3】创建一个复数类。

```
class Complex:
   def __init__(self, realpart, imagpart):
      self.r = realpart
      self.i = imagpart
x = Complex(3.0, -4.5)
print(x.r, x.i) #  输出结果：3.0 -4.5
```

self 代表类的实例，而非类。

类的方法与普通的函数只有一个特别的区别——它们必须有一个额外的第一个参数名称，按照惯例它的名称是 self，当然也可以是其他任何合法的标识符。

```
class Test:
    def prt(self):
        print(self)
        print(self.__class__)
t = Test()
t.prt()
```

以上实例执行结果为：

```
<__main__.Test object at 0x000001CFA42D77B8>
<class '__main__.Test'>
```

从执行结果可以很明显地看出，self 代表的是类的实例，代表当前对象的地址，而 self.__class__则指向类本身。

self 不是 Python 关键字，将其换成 this 也是可以正常执行的：

```
class Test:
    def prt(this):
        print(this)
        print(this.__class__)
t = Test()
t.prt()
```

以上实例执行结果也为：

```
<__main__.Test object at 0x00000263460F6860>
<class '__main__.Test'>
```

由此可见，类方法的第一个参数代表的是类的实例，代表当前对象的地址。

12.4 类的方法

在类的内部，使用 def 关键字来定义一个方法，与一般函数定义不同，类方法必须包含至少一个参数如 self（也可以是别的名字），而且第一个参数 self 代表的是类的实例。

【例 12-4】创建一个 People 类。

```
#类定义
class People:
    #定义基本属性
    name = ''
    age = 0
```

```
  #定义私有属性，私有属性在类外部无法直接进行访问
  __weight = 0
  #定义构造方法
  def __init__(self,n,a,w):
     self.name = n
     self.age = a
     self.__weight = w
def speak(self):
     print("%s 说：我 %d 岁。" %(self.name,self.age))
#实例化类
p = People('Bob',11,33)
p.speak()
```

执行以上程序输出结果为：

```
Bob 说：我 11 岁。
```

12.5　继　承

Python 同样支持类的继承，如果一种语言不支持继承，类就没有什么意义。派生类的定义如下所示：

```
class DerivedClassName(BaseClassName):
     <statement-1>
     ⋮
     <statement-N>
```

需要注意，圆括号中基类的顺序，若是基类中有相同的方法名，而在子类使用时未指定，Python 从左至右搜索，即方法在子类中未找到时，从左到右查找基类中是否包含方法。

BaseClassName（示例中的基类名）必须与派生类定义在一个作用域内。除了类，还可以用表达式，基类定义在另一个模块中时这一点非常有用：

```
class DerivedClassName(modname.BaseClassName):
```

【例 12-5】继承 People 类。

```
#类定义
class People:
  #定义基本属性
  name =
  ''age = 0
  #定义私有属性,私有属性在类外部无法直接进行访问
```

```
  __weight = 0
  #定义构造方法

  def __init__(self,n,a,w):
    self.name = n
    self.age = a
    self.__weight = w
  def speak(self):
    print("%s 说: 我 %d 岁。" %(self.name,self.age))
#单继承示例
class Student(People):
  grade = ''
  def __init__(self,n,a,w,g):
    #调用父类的构造函数
    People.__init__(self,n,a,w)
    self.grade = g
  #重写父类的方法
  def speak(self):
    print("%s 说: 我 %d 岁了, 我在读 %d 年级"%(self.name,self.age,self.grade))
s = Student('James',12,66,5)
s.speak()
```

执行以上程序输出结果为:

```
James 说: 我 12 岁了, 我在读 5 年级
```

12.6 多重继承

Python 同样有限地支持多重继承形式。多重继承的类定义形如下例:

```
class DerivedClassName(Base1, Base2, Base3):
    <statement-1>
    ⋮
    <statement-N>
```

需要注意, 圆括号中父类的顺序, 若是父类中有相同的方法名, 而在子类使用时未指定, **python** 从左至右搜索, 即方法在子类中未找到时, 从左到右查找父类中是否包含方法。

【例 12-6】多重继承实现。

```
#类定义
```

```
class People:
    #定义基本属性
    name = ''
    age = 0
    #定义私有属性，私有属性在类外部无法直接进行访问
    __weight = 0
    #定义构造方法

    def __init__(self,n,a,w):
        self.name = n
        self.age = a
        self.__weight = w
    def speak(self):
        print("%s 说：我 %d 岁。" %(self.name,self.age))
#单继承示例
class Student(People):
    grade = ''
    def __init__(self,n,a,w,g):
        #调用父类的构造函数
        People.__init__(self,n,a,w)
        self.grade = g
    #覆写父类的方法
    def speak(self):
        print("%s 说：我 %d 岁了，我在读 %d 年级"%(self.name,self.age,self.grade))
#另一个类，多重继承之前的准备
class Speaker():
    topic = ''
    name = ''
    def __init__(self,n,t):
        self.name = n
        self.topic = t
    def speak(self):
        print("我叫%s，我是一个演说家，我演讲的主题是%s"%(self.name,self.topic))
#多重继承
```

```
class Sample(Speaker,Student):
    a =''
    def __init__(self,n,a,w,g,t):
        Student.__init__(self,n,a,w,g)
        Speaker.__init__(self,n,t)
test = Sample("Ken",25,80,4,"Python")
test.speak() #方法名同，默认调用的是在括号中排前地父类的方法
```

执行以上程序输出结果为：

```
我叫 Ken，我是一个演说家，我演讲的主题是 Python
```

12.7 方 法 重 载

如果类方法的功能不能满足需求，可以在子类重写父类的方法。

【例 12-7】方法重载实现。

```
class Parent:        #定义父类
    def myMethod(self):
        print ('调用父类方法')
class Child(Parent):        #定义子类
    def myMethod(self):
        print ('调用子类方法')
c = Child()        #子类实例
c.myMethod()        #子类调用重写方法
super(Child,c).myMethod()        #用子类对象调用父类已被覆盖的方法
```

super() 函数是用于调用父类（超类）的一个方法。

执行以上程序输出结果为：

```
调用子类方法
调用父类方法
```

12.8 类属性与方法

12.8.1 类的私有属性

__private_attrs：两个下画线开头，声明该属性为私有，不能在类的外部被直接使用或访问。在类内部的方法中使用时是 self.__private_attrs。在使用的时候，注意与单下画线打头的特殊命名法及在 Linux 下常见的用单下画线连接的命名法的区分。

12.8.2 类的方法

在类的内部，使用 def 关键字来定义一个方法，与一般函数定义不同，类方法必须包含参数 self，且为第一个参数，self 代表的是类的实例。

self 的名字并不是规定死的，也可以使用 this，但是最好还是按照约定使用 self。

12.8.3 类的私有方法

__private_method：两个下画线开头，声明该方法为私有方法，只能在类的内部调用，不能在类的外部调用，形式为 self.__private_methods。

12.8.4 实例

类的私有属性实例如下。

【例 12-8】类的属性。

```
class JustCounter:
  __secretCount = 0       #私有变量
  publicCount = 0       #公开变量
  def count(self):
    self.__secretCount += 1
    self.publicCount += 1
    print (self.__secretCount)
counter = JustCounter()
counter.count()
counter.count()
print (counter.publicCount)
print (counter.__secretCount)       #报错，实例不能访问私有变量
```

执行以上程序输出结果为：

```
1
2
2
Traceback (most recent call last):
  File "test.py", line 16, in <module>
    print (counter.__secretCount)       #报错，实例不能访问私有变量
AttributeError: 'JustCounter' object has no attribute '__secretCount'
```

类的私有方法实例如下。

【例 12-9】类的方法。

```
class Site:
  def __init__(self, name, url):
    self.name = name # public
    self.__url = url # private
  def who(self):
```

```
        print('name : ', self.name)
        print('url : ', self.__url)
    def __foo(self):          #私有方法
        print('这是私有方法')
    def foo(self):            #公共方法
        print('这是公共方法')
        self.__foo()
x = Site('Python 学习网', 'www.pythonlearning.com')
x.who()         #正常输出
x.foo()         #正常输出
x.__foo()       #报错
```

以上实例执行结果：

```
name : Python 学习网
url : www.pythonlearning.com
这是公共方法
这是私有方法
Traceback (most recent call last):
  File "C:\Users\ds_cf\Desktop\test.py", line 17, in <module>
    x.__foo()       #报错
AttributeError: 'Site' object has no attribute '__foo'
```

12.8.5 类的专有方法

类专有方法，也就是类的系统方法有以下几种。

（1）__init__：构造函数，在生成对象时调用。

（2）__del__：析构函数，释放对象时使用。

（3）__repr__：打印，转换。

（4）__setitem__：按照索引赋值。

（5）__getitem__：按照索引获取值。

（6）__len__：获得长度。

（7）__cmp__：比较运算。

（8）__call__：函数调用。

（9）__add__：加运算。

（10）__sub__：减运算。

（11）__mul__：乘运算。

（12）__truediv__：除运算。

（13）__mod__：求余运算。

（14）__pow__：乘方。

这些方法实现了类的对象在参与表达式时具体如何运算。如果是自定义的类，那么类中实现这些方法，该类的对象就可以参加相应的运算，这种做法也叫运算符的重载。

12.8.6　运算符重载

Python 同样支持运算符重载，对于运算符，可以对对应运算符的类的专有方法进行重载，实例如下。

【例 12-10】运算符重载的实现。

```
class Vector:
  def __init__(self, a, b):
     self.a = a
     self.b = b
def __str__(self):
     return 'Vector (%d, %d)' % (self.a, self.b)
def __add__(self,other):
     return Vector(self.a + other.a, self.b + other.b)
v1 = Vector(3,6)
v2 = Vector(2,-8)
print (v1 + v2)
```

以上代码执行结果如下：

```
Vector(5,-2)
```

12.8.7　类中下画线打头的标识符的用法总结

前面已经遇到了一些类中以下画线打头的标识符，这里进一步总结。Python 类中以下画线打头的标识符比较特殊，有单下画线、双下画线、头尾双下画线，下面具体讲解一下。

（1）头尾双下画线。形如__method__，定义的是特殊方法，一般是系统定义名字，类似 __init__() 之类的系统方法。

（2）单下画线打头。形如_var: 以单下画线开头的表示的是 protected 类型的属性或方法，即保护类型只能允许其本身与子类进行访问，不能用于 from module import *。

（3）双下画线打头：形如__var: 双下画线表示的是私有类型（private）的属性或方法，只能是允许这个类本身进行访问。

12.9　类的组合用法

软件重用的重要方式除了继承之外还有另外一种方式，即组合。组合指的是，在一个类中以另外一个类的对象作为数据属性，称为类的组合。

如圆环是由两个圆组成的，圆环的面积是外部圆的面积减去内部圆的面积。圆环的周长是内部圆的周长加上外部圆的周长。这个时候，就首先实现一个圆形类，计算一个圆的周长和面积。然后在"环形类"中组合圆形的实例作为自己的属性来用。

【例 12-11】类的组合。

```
from math import pi
class Circle:
    '''
    定义了一个圆形类;
    提供计算面积(area)和周长(perimeter)的方法
    '''
    def __init__(self,radius):
        self.radius = radius
    def area(self):
        return pi * self.radius * self.radius
    def perimeter(self):
        return 2 * pi *self.radius

circle = Circle(10)        #实例化一个圆
area1 = circle.area()      #计算圆面积
per1 = circle.perimeter()        #计算圆周长
print(area1,per1)        #打印圆面积和周长

class Ring:
    '''
    定义了一个圆环类
    提供圆环的面积和周长的方法
    '''
    def __init__(self,radius_outside,radius_inside):
        self.outsid_circle = Circle(radius_outside)
        self.inside_circle = Circle(radius_inside)
    def area(self):
        return self.outsid_circle.area() - self.inside_circle.area()
    def perimeter(self):
        return   self.outsid_circle.perimeter() + self.inside_circle.perimeter()
```

```
ring = Ring(10,5)       #实例化一个环形
print(ring.perimeter())      #计算环形的周长
print(ring.area())       #计算环形的面积
```

习　题

一、填空题

1. 在 Python 定义类时，与运算符“**”对应的特殊方法名为________。

2. 在 Python 中定义类时，与运算符“//”对应的特殊方法名为________。

二、判断题

1. 在面向对象程序设计中，函数和方法是完全一样的，都必须为所有参数进行传值。( )

2. 在 Python 中一切内容都可以称为对象。( )

3. 在一个软件的设计与开发中，所有类名、函数名、变量名都应该遵循统一的风格和规范。( )

4. 定义类时所有实例方法的第一个参数用来表示对象本身，在类的外部通过对象名来调用实例方法时不需要为该参数传值。( )

5. 在 Python 中没有严格意义上的私有成员。( )

6. 在 Python 中定义类时，运算符重载是通过重写特殊方法来实现的。例如，在类中实现了_ _mul_ _()方法即可支持该类对象的**运算符。( )

7. 对于 Python 类中的私有成员，可以通过“对象名._类名_ _私有成员名”的方式来访问。( )

8. 如果定义类时没有编写析构函数，Python 将提供一个默认的析构函数进行必要的资源清理工作。( )

9. 在派生类中可以通过“基类名.方法名()”的方式来调用基类中的方法。( )

10. Python 支持多继承，如果父类中有相同的方法名，而在子类中调用时没有指定父类名，则 Python 解释器将从左向右按顺序进行搜索。( )

11. 在 Python 中定义类时实例方法的第一个参数名称必须是 self。( )

12. 在 Python 中定义类时实例方法的第一个参数名称不管是什么，都表示对象自身。( )

13. 定义类时如果实现了_ _contains_ _()方法，该类对象即可支持成员测试运算 in。( )

14. 定义类时如果实现了_ _len_ _()方法，该类对象即可支持内置函数 len()。( )

15. 定义类时实现了_ _eq_ _()方法，该类对象即可支持运算符==。( )

16. 定义类时实现了_ _pow_ _()方法，该类对象即可支持运算符**。（ ）

17. 在 Python 中定义类时，如果某个成员名称前有 2 个下画线则表示是私有成员。（ ）

18. 在类定义的外部没有任何办法可以访问对象的私有成员。（ ）

19. Python 类的构造函数是__init__()。（ ）

20. 在定义类时，在一个方法前面使用@classmethod 进行修饰，则该方法属于类方法。（ ）

21. 在定义类时，在一个方法前面使用@staticmethod 进行修饰，则该方法属于静态方法。（ ）

22. 通过对象不能调用类方法和静态方法。（ ）

23. 在 Python 中可以为自定义类的对象动态增加新成员。（ ）

24. Python 类不支持多继承。（ ）

25. 属性可以像数据成员一样进行访问，但赋值时具有方法的优点，可以对新值进行检查。（ ）

第 13 章　正则表达式

学习目标

（1）了解正则表达式。

（2）理解正则表达式的原理。

（3）学会 Python 正则表达式 re 模块。

13.1　什么是正则表达式

正则表达式（regular expression）又称 RegEx, 是用来匹配字符的一种工具。 其用途是在一大串字符中寻找所需要的内容，通常被用来检索、替换那些符合某个模式（规则）的文本。如利用正则表达式在文字中找到特定的内容：“the cat set the mat”这句话中寻找是否存在“cat”或“mat”。

13.2　re 模块

re 模块的功能是用来匹配字符串（动态、模糊的匹配），爬虫中用得最多，其他问题中也经常可以见到。

re 模块的常用方法有以下几种。match(): 从头匹配; search(): 从整个文本搜索; findall(): 找到所有符合的；split(): 分割；sub(): 替换；group(): 结果转化为内容；groupdict(): 结果转化为字典。下面进行详细的介绍。

1. match()函数

re 模块内的 match()函数可以检查某个字符串从头开始是否跟给定的正则表达式匹配（或者一个正则表达式是否匹配到一个字符串的开始，这两种说法含义相同）。re. match()尝试从字符串的起始位置匹配一个模式，如果不是起始位置匹配成功的话，match()函数就返回 None。

```
#从开头匹配字符
res = re.match('^li\d+','li123kunhong123')
print(res.group())
```

运行结果：

```
li123
```

2. search()函数

re 模块内的 search()函数可以检查某个字符串是否跟给定的正则表达式匹配（或者一个正则表达式是否匹配到一个字符串，这两种说法含义相同）。re. search()尝试从字符串的起始位置匹配一个模式，如果不是起始位置匹配成功的话，就继续匹配，如果全部匹配不成功就返回 None。

```
import re
```

```
match = re.search(pat, str)
```

re.search()方法采用正则表达式模式和字符串，并在字符串中搜索该模式。如果搜索成功，则 search()返回匹配对象，否则返回 None。因此，搜索函数通常紧跟 if 语句以测试搜索是否成功，如下面的示例所示，该示例搜索模式'word：'后跟 3 个字母的单词。

```
str = 'an example word:cat!!'
match = re.search(r'word:\w\w\w', str)
# If-statement after search() tests if it succeeded
if match:
    print ('found', match.group() )## 'found word:cat'
else:
    print( 'did not find')
```

运行结果：

```
found word:cat
```

3. group()函数

也可以为找到的内容分组，使用 group()函数能轻松实现这件事，通过分组，能轻松定位所找到的内容。如在这个 (\d+) 组里，需要找到的是一些数字，在 (.+) 这个组里，会找到“Date:”后面的所有内容。当使用 match.group() 时，会返回所有组里的内容，而如果给 .group(2) 里加一个数，它就能定位所需要返回那个组里的信息。

```
match = re.search(r"(\d+), Date: (.+)", "ID: 021523, Date: Feb/12/2017")
print(match.group())
print(match.group(1))
print(match.group(2))
```

运行结果：

```
021523, Date: Feb/12/2017
021523
Date: Feb/12/2017
```

4. 基本匹配模式

表 13-1 为正则表达式字符实例，是一些简单的字符匹配实例，使用起来比较方便简洁。

可以用[0-9]来匹配字符串中的数字，示例如下：

```
import re
st = "hello,world!!%[545]你好 Python 世界。。。"
ste = re.sub("[^0-9]", "", st)
print(ste)
```

运行结果：

545

表 13-1 正则表达式字符实例

实例	描述
Python	匹配 "Python"
rub[ye]	匹配 "ruby" 或 "rube"
[aeiou]	匹配中括号内的任意一个字母
[0-9]	匹配任何数字。类似于 [0123456789]
[a-z]	匹配任何小写字母
[A-Z]	匹配任何大写字母
[a-zA-Z0-9]	匹配任何字母及数字
[^aeiou]	除 aeiou 字母以外的所有字符
[^0-9]	匹配除了数字外的字符

表 13-2 为正则表达式特殊字符实例。

表 13-2　正则表达式特殊字符实例

实例	描述
.	匹配除 "\n" 之外的任何单个字符。要匹配包括 '\n' 在内的任何字符，请使用像 '[.\n]' 的模式
\d	匹配一个数字字符。等价于 [0-9]
\D	匹配一个非数字字符。等价于 [^0-9]
\s	匹配任何空白字符，包括空格、制表符、换页符等。等价于 [\f\n\r\t\v]
\S	匹配任何非空白字符。等价于 [^ \f\n\r\t\v]
\w	匹配包括下画线的任何单词字符。等价于'[A-Za-z0-9_]'
\W	匹配任何非单词字符。等价于 '[^A-Za-z0-9_]'

5. findall()函数

前面讲的全部是找到匹配内容的第一项，如果需要找到全部的匹配项，可以使用 findall 功能，然后返回一个列表。

注意下面的例子中 | 是 或（or）的意思。

```
print( time.gmtime()) #获取 UTC 格式的当前时间
# findall
print(re.findall(r"r[ua]n", "run ran ren"))
# | : or
print(re.findall(r"(run|ran)", "run ran ren"))
```

运行结果：

```
['run', 'ran']
```

```
['run', 'ran']
```

6. search()函数和 match()函数比较

Python 提供了两种不同的操作：基于 re.match() 检查字符串开头，或者 re.search() 检查字符串的任意位置（默认 Perl 中的行为）。

如：

```
>>> re.match("c", "abcdef")        # No match
>>> re.search("c", "abcdef")       # Match
<re.Match object; span=(2, 3), match='c'>
```

在 search() 中，可以用 '^' 作为开始来限制匹配到字符串的首位。

```
>>> re.match("c", "abcdef")        # No match
>>> re.search("^c", "abcdef")      # No match
>>> re.search("^a", "abcdef")      # Match
<re.Match object; span=(0, 1), match='a'>
```

★注意：MULTILINE 多行模式中函数 match() 只匹配字符串的开始，但使用 search()和以 '^' 开始的正则表达式会匹配每行的开始。

```
>>> re.match('X', 'A\nB\nX', re.MULTILINE)      # No match
>>> re.search('^X', 'A\nB\nX', re.MULTILINE)     # Match
<re.Match object; span=(4, 5), match='X'>
```

7. compile()函数

compile () 函数的语法格式是 compile(pattern [, flags]) ，该函数根据包含的正则表达式的字符串创建模式对象。可以实现更有效率的匹配。在直接使用字符串表示的正则表达式进行 search，match 和 findall 操作时，Python 会把字符串转换为正则表达式对象，而使用 compile 完成一次转换之后，在每次使用模式的时候就不用重复转换。当然，使用 compile()函数进行转换后，re.search(pattern, string)的调用方式就转换为 pattern.search(string)的调用方式：

```
prog = re.compile(pattern)
result = prog.match(string)
```

等价于：

```
result = re.match(pattern, string)
```

如果需要多次使用这个正则表达式的话，使用 re.compile() 和保存这个正则对象以便复用，可以让程序更加高效。

★注意：通过 re.compile() 编译后的样式，和模块级的函数会被缓存，所以少数正则表达式使用无需考虑编译的问题。

13.3　简单实例

1. 正则表达式实现某个匹配规律重复使用

具体可以分为以下几种。

（1）*：重复 0 次或多次；

（2）+：重复 1 次或多次；

（3）{n,m}：重复 n 至 m 次；

（4）{n}：重复 n 次。

实例如下：

```
# * : occur 0 or more times
print(re.search(r"ab*", "a"))              # <_sre.SRE_Match object; span=(0, 1), match='a'>
print(re.search(r"ab*", "abbbbb"))         # <_sre.SRE_Match object; span=(0, 6), match='abbbbb'>

# + : occur 1 or more times
print(re.search(r"ab+", "a"))              # None
print(re.search(r"ab+", "abbbbb"))         # <_sre.SRE_Match object; span=(0, 6), match='abbbbb'>

# {n, m} : occur n to m times
print(re.search(r"ab{2,10}", "a"))         # None
print(re.search(r"ab{2,10}", "abbbbb"))    # <_sre.SRE_Match object; span=(0, 6), match='abbbbb'>
```

2. 替换指定字符串

通过 **re.sub()**函数，匹配上并替代掉指定字符串。使用这种匹配，会比 **Python** 自带的 **string.replace ()**要灵活多变。

```
print(re.sub(r"r[au]ns", "catches", "dog runs to cat"))        # dog catches to cat
```

3. 分割字符串

Python 中有个字符串的分割功能，如想获取一句话中所有的单词：**"a is b".split(" ")**。这样它就会产生一个列表来保存所有空格分割开的单词。在正则表达式中，也可以使用 **re.sub** 函数实现相同的功能。

```
print(re.sub(r"r[au]ns", "catches", "dog runs to cat"))        # dog catches to cat
```

4. 正则表达式的重复使用

先将正则项 **compile** 创建一个变量，如 **compiled_re**，然后直接使用这个 **compiled_re** 来搜索。

```
compiled_re = re.compile(r"r[ua]n")
print(compiled_re.search("dog ran to cat"))    # <_sre.SRE_Match object; span=(4, 7), match='ran'>
```

5. 应用正则表达式于文件

对于文件的迭代正则化，只需将整个文件文本提供给 findall()，然后让它在一个步骤中返回所有匹配的列表（回想一下 f.read()在单个字符串中返回文件的整个文本）。举例如下：

```
#打开文件
f = open('test.txt', 'r')
# Feed the file text into findall(); it returns a list of all the found strings
strings = re.findall(r'some pattern', f.read())
```

13.4 建　　议

正则表达式绝对不是一天就能学会和记住的，因为表达式里面的内容非常多，目前只需要了解正则表达式里都有些什么，不用死记硬背，等到真正需要用到它的时候，再认真学习。

习　题

一、填空题

1. 正则表达式模块 re 的__________方法用来编译正则表达式对象。

2. 正则表达式模块 re 的______________方法用来在字符串开始处进行指定模式的匹配。

3. 正则表达式模块 re 的______________方法用来在整个字符串中进行指定模式的匹配。

4. 表达式 re.search(r'\w*?(?P<f>\b\w+\b)\s+(?P=f)\w*?', 'Beautiful is is better than ugly.').group(0) 的值为__________。

5. 正则表达式元字符________用来表示该符号前面的字符或子模式 1 次或多次出现。

6. 在设计正则表达式时，字符_______紧随任何其他限定符(*、+、?、{n}、{n,}、{n,m})之后时，匹配模式是“非贪心的”，匹配搜索到的、尽可能短的字符串。

7. 假设正则表达式模块 re 已导入，那么表达式 re.sub('\d+', '1', 'a12345bbbb67c890 d0e')的值为______________。

8. 正则表达式元字符________用来表示该符号前面的字符或子模式 0 次或多次出现。

9. 假设 re 模块已导入，那么表达式 re.findall('(\d)\\1+', '33abcd112') 的值为__________________。

10. 语句 print(re.match('abc', 'defg')) 的输出结果为______________。

11. 表达式 re.split('\.+', 'alpha.beta...gamma..delta') 的值为____________________。

12. 已知 x = 'a234b123c'，并且 re 模块已导入，则表达式 re.split('\d+', x) 的值为________________。

13. 表达式 ''.join(re.split('[sd]','asdssfff')) 的值为______________。

二、判断题

1. 假设 re 模块已成功导入，并且有 pattern = re.compile('^'+'\.'.join([r'\d{1,3}' for i in range(4)])+'$')，那么表达式 pattern.match('192.168.1.103') 的值为 None。（ ）

2. 正则表达式模块 re 的 match()方法是从字符串的开始匹配特定模式，而 search()方法是在整个字符串中寻找模式，这两个方法如果匹配成功则返回 match 对象，匹配失败则返回空值 None。（ ）

3. 正则表达式对象的 match()方法可以在字符串的指定位置开始进行指定模式的匹配。（ ）

4. 使用正则表达式对字符串进行分割时，可以指定多个分隔符，而字符串对象的 split()方法无法做到这一点。（ ）

5. 正则表达式元字符“^”一般用来表示从字符串开始处进行匹配，用在一对方括号中的时候则表示反向匹配，不匹配方括号中的字符。（ ）

6. 正则表达式元字符“\s”用来匹配任意空白字符。（ ）

7. 正则表达式元字符“\d”用来匹配任意数字字符。（ ）

第14章 综合应用——名片管理系统

学习目标

综合应用已经学习过的知识点：变量、流程控制、函数、模块、文件。开发一个简单的名片管理系统。

系统需求：

（1）程序启动，显示名片管理系统欢迎界面，并显示功能菜单。

（2）用户用数字选择不同的功能。

（3）根据功能选择，执行不同的功能。

（4）用户名片需要记录用户的姓名、电话、QQ、邮件。

（5）如果查询到指定的名片，用户可以选择修改或删除名片。

```
**************************************************
欢迎使用【名片管理系统】V1.0

1. 新建名片
2. 显示全部
3. 查询名片
4. 保存到文件

0. 退出系统
**************************************************
```

步骤

（1）搭建框架。

（2）新增名片。

（3）显示所有名片。

（4）查询名片。

（5）查询成功后修改、删除名片。

（6）保存名片文件。

（7）让 Python 程序能够直接运行。

14.1 搭 建 框 架

学习目标

搭建名片管理系统框架结构。

（1）准备文件，确定文件名，保证能够在需要的位置编写代码。

（2）编写主运行循环，实现基本的用户输入和判断。

14.1.1　文件准备

（1）新建 cards_main.py 保存主程序功能代码。

•程序的入口。

•每一次启动名片管理系统都通过 cards_main 这个文件启动。

（2）新建 cards_tools.py 保存所有名片功能函数。将把名片的新增、查询、修改、删除等功能封装在不同的函数中。

14.1.2　编写主运行循环

在 cards_main 中添加一个无限循环：

```
while True:
    # TODO(小明) 显示系统菜单
    action = input("请选择操作功能：")
    print("您选择的操作是：{}".format(action))
    # 根据用户输入决定后续的操作
    if action in ["1", "2", "3", "4"]:
        pass
    elif action == "0":
        print("欢迎再次使用【名片管理系统】")
        break
    else:
        print("输入错误，请重新输入")
```

字符串判断：

```
if action in ["1", "2", "3", "4"]:
    pass
if action == "1" or action == "2" or action == "3" or action == "4":
    pass
```

（1）使用 in 针对列表判断，避免使用 or 拼接复杂的逻辑条件。

（2）没有使用 int 转换用户输入，可以避免一旦用户输入的不是数字，导致程序运行出错。

1. pass

（1）pass 就是一个空语句，不做任何事情，一般用作占位语句。

（2）为了保持程序结构的完整性。

2. 无限循环

（1）在开发软件时，如果不希望程序执行后立即退出。

（2）可以在程序中增加一个无限循环。

（3）由用户来决定退出程序的时机。

3. TODO 注释

在#后跟上 TODO，用于标记需要去做的工作。

TODO(作者/邮件) 显示系统菜单

14.1.3 在 cards_tools 中增加 6 个新函数

```
def show_menu():
  """显示菜单
  """
  pass
def new_card():
  """新建名片
  """
  print("-" * 50)
  print("功能：新建名片")

def show_all():
  """显示全部
  """
  print("-" * 50)
  print("功能：显示全部")

def search_card():
  """搜索名片
  """
  print("-" * 50)
  print("功能：搜索名片")

def store_cards():
  """保存名片到文件
  """
  print("-" * 50)
  print("功能：保存名片到文件")
def restore_cards():
  """从文件中读取已经保存的名片
```

```
    """
    print("-" * 50)
    print("功能：保存名片到文件")
```

14.1.4　导入模块

在 cards_main.py 中使用 import 导入 cards_tools 模块：

```
import cards_tools
```

修改 while 循环的代码如下：

```
import cards_tools
while True:
    cards_tools.show_menu()
    action = input("请选择操作功能：")
    print("您选择的操作是：{}".format( action))
    # 根据用户输入决定后续的操作
    if action in ["1", "2", "3", "4"]:
        if action == "1":
            cards_tools.new_card()
        elif action == "2":
            cards_tools.show_all()
        elif action == "3":
            cards_tools.search_card()
        elif action == "4":
            cards_tools.store_cards()
    elif action == "0":
        print("欢迎再次使用【名片管理系统】")
        break
    else:
        print("输入错误，请重新输入：")
```

至此，cards_main 中的所有代码全部开发完毕。

14.1.5　完成 show_menu 函数

```
def show_menu():
    """显示菜单
    """
    print("*" * 50)
    print("欢迎使用【菜单管理系统】V1.0")
```

```
    print("")
    print("1. 新建名片")
    print("2. 显示全部")
    print("3. 查询名片")
    print("4. 保存到文件")

    print("")
    print("0. 退出系统")
    print("*" * 50)
```

14.2 保存名片数据的结构

程序就是用来处理数据的，而变量就是用来存储数据的。对于名片管理系统，可以进行以下操作。

（1）使用字典记录每一张名片的详细信息。

（2）使用列表统一记录所有的名片字典。

图 14-1 为名片字典。

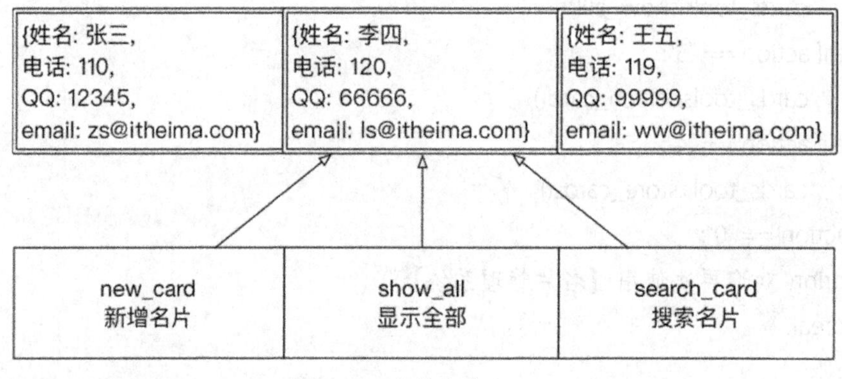

图 14-1　名片字典

定义名片列表变量

在 cards_tools 文件的顶部增加一个列表变量：

```
# 所有名片记录的列表
card_list = []
```

★注意：

（1）所有名片相关操作，都需要使用这个列表，所以应该定义在程序的顶部。

（2）程序第一次运行时，没有数据，所以是空列表。

一般来说，对于各种简单的管理系统，大部分都是这种列表加字典的数据结构。

14.3　新 增 名 片

14.3.1　功能分析

（1）提示用户依次输入名片信息。

（2）将名片信息保存到一个字典。

（3）将字典添加到名片列表。

（4）提示名片添加完成。

14.3.2　实现 new_card 方法

根据步骤实现代码：

```
def new_card():
    """
    新建名片
    """
    print("-" * 50)
    print("功能：新建名片")

    # 1. 提示用户输入名片信息
    name = input("请输入姓名：")
    phone = input("请输入电话：")
    qq = input("请输入 QQ 号码：")
    email = input("请输入邮箱：")

    # 2. 将用户信息保存到一个字典
    card_dict = {"name": name,
                 "phone": phone,
                 "qq": qq,
                 "email": email}

    # 3. 将用户字典添加到名片列表
    card_list.append(card_dict)
    print(card_list)

    # 4. 提示添加成功信息
```

```
print("成功添加{}的名片".format( card_dict["name"]))
```

技巧：在 PyCharm 中，可以使用 Shift + F6 键统一修改变量名。

14.4 显示所有名片

14.4.1 功能分析

循环遍历名片列表，顺序显示每一个字典的信息。

14.4.2 基础代码实现

```
def show_all():
    """
    显示全部
    """
    print("-" * 50)
    print("功能：显示全部")
    for card_dict in card_list:
        print(card_dict)
```

这样的显示效果不好。

14.4.3 增加标题和使用\t 显示

```
def show_all():
    """
    显示全部
    """
    print("-" * 50)
    print("功能：显示全部")

    # 打印表头
    for name in ["姓名", "电话", "QQ", "邮箱"]:
        print(name, end="\t\t")
    print("")
    # 打印分隔线
    print("=" * 50)
    for card_dict in card_list:
        print("{}\t\t{}\t\t{}\t\t{}".format(card_dict["name"],
                                            card_dict["phone"],
                                            card_dict["qq"],
```

```
                                        card_dict["email"]))
```

14.4.4　增加没有名片记录判断

```
def show_all():
    """显示全部
    """
    print("-" * 50)
    print("功能：显示全部")

    # 1. 判断是否有名片记录
    if len(card_list) == 0:
        print("提示：没有任何名片记录")
        return
    …
```

★**注意：**

（1）在函数中使用 **return** 表示返回。

（2）如果在 **return** 后没有跟任何内容，只是表示该函数执行到此就不再执行后续的代码。

14.5　查 询 名 片

14.5.1　功能分析

（1）提示用户要搜索的姓名。

（2）根据用户输入的姓名遍历列表。

（3）搜索到指定的名片后，再执行后续的操作。

14.5.2　代码实现

查询功能实现：

```
def search_card():
    """
    搜索名片
    """
    print("-" * 50)
    print("功能：搜索名片")

    # 1. 提示要搜索的姓名
    find_name = input("请输入要搜索的姓名：")
```

```
    # 2. 遍历字典
     for card_dict in card_list:
         if card_dict["name"] == find_name:
             print("姓名\t\t\t 电话\t\t\tQQ\t\t\t 邮箱")
             print("-" * 40)
             print("{}\t\t\t{}\t\t\t{}\t\t\t{}".format( (
                 card_dict["name"],
                 card_dict["phone"],
                 card_dict["qq"],
                 card_dict["email"]))
             print("-" * 40)
             # TODO(小明) 针对找到的字典进行后续操作：修改/删除
             break
    else:
        print("没有找到 {}" .format( find_name))
```

增加名片操作函数：修改/删除/返回主菜单。

```
def deal_card(find_dict):
    """
    操作搜索到的名片字典
    :param find_dict:找到的名片字典
    """
    print(find_dict)
    action = input("请选择要执行的操作 "
                   "[1] 修改 [2] 删除 [0] 返回上级菜单")
    if action == "1":
        print("修改")
    elif action == "2":
        print("删除")
```

14.6 修改和删除

14.6.1 查询成功后删除名片

（1）由于找到的字典记录已经在列表中保存。

（2）要删除名片记录，只需要把列表中对应的字典删除即可。

```
elif action == "2":
    card_list.remove(find_dict)
    print("删除成功")
```

14.6.2　修改名片

（1）由于找到的字典记录已经在列表中保存。

（2）要修改名片记录，只需要把列表中对应的字典中每一个键值对的数据修改即可。

```
if action == "1":
    find_dict["name"] = input("请输入姓名：")
    find_dict["phone"] = input("请输入电话：")
    find_dict["qq"] = input("请输入 QQ：")
    find_dict["email"] = input("请输入邮件：")

    print("{} 的名片修改成功".format(find_dict["name"]))
```

14.6.3　修改名片细化

如果用户在使用时，某些名片内容并不想修改，应该如何做呢？既然系统提供的 input 函数不能满足需求，那么就新定义一个函数 input_card_info 对系统的 input 函数进行扩展：

```
def input_card_info(dict_value, tip_message):
    """输入名片信息
    :param dict_value: 字典原有值
    :param tip_message: 输入提示信息
    :return: 如果输入，返回输入内容，否则返回字典原有值
    """
    # 1. 提示用户输入内容
    result_str = input(tip_message)
    # 2. 针对用户的输入进行判断，如果用户输入了内容，直接返回结果
    if len(result_str) > 0:
        return result_str
    # 3. 如果用户没有输入内容，返回'字典中原有的值
    else:
        return dict_value
```

14.7　保存名片列表到文件

保存数据到文件，也就是数据的持久化。在名片系统中，所有名片构成列表，列表和字典都是高级数据。对于高级数据的持久化，可以参考 11.3 节。这里使用 pickle 模块，pickle

模块使用 pickle.dump 保存数据到文件，使用 pickle.load 把保存在文件中的数据读取到变量中。

```
import pickle
filename="cards.data"      #把保存名片的文件的文件名定义为全局变量
def store_cards():
  """保存名片到文件
  """
   global filename, card_list
   with open(filename,'wb') as file:
      pickle.dump(card_list,file)
   print("已经保存名片到文件{}了".format(filename))
def restore_cards():
  """从文件中读取已经保存的名片
  """
   global filename, card_list
   with open(filename,'rb') as file:
      card_list = pickle.load(file)
   print("从文件中读取到了已经保存的名片")
```

系统每次启动前，都要判断有没有已经保存的名片，如果有，那么就存在那个文件名 filename，否则就不存在。对存在已经保存了的名片，那么就得读取到名片列表变量 card_list 中。用 init_cards()函数来完成：

```
def init_cards():
  """初始化名片列表
  """
   import os
   global card_list
   if os.path.exists (filename):
      card_list = restore_cards()
```

14.8 __name__属性的使用

在 Python 中，经常使用 if__name__ =='__main__':作为整个 py 文件（模块）执行的入口。如下面的代码：

```
if __name__ == '__main__':
```

```
#初始化名片列表
init_cards()
#循环显示系统菜单
while True:
    ……
```

__name__的含义有以下几项。

（1）__name__就是标识模块的名字的一个系统变量。

（2）如果模块是被导入，__name__的值为模块名字。

（3）如果模块是被直接执行，__name__的值为'__main__'。

14.9 Linux 上的 Shebang 符号(#!)

（1）#!这个符号叫作 Shebang 或 Sha-bang。

（2）Shebang 通常在 Unix 系统脚本中的第一行开头使用。

（3）指明执行这个脚本文件的解释程序。

使用 Shebang 的演练步骤

（1）使用 which 查询 Python 解释器所在路径。

```
$ which python
```

（2）修改要运行的主 Python 文件，在第一行增加以下内容。

```
#! /usr/bin/python
```

（3）修改主 Python 文件的文件权限，增加执行权限。

```
$ chmod +x cards_main.py
```

（4）在需要时执行程序即可。

```
./cards_main.py
```

14.10 完整的代码

14.10.1 cards_tools.py

```
"""名片管理系统操作函数
"""
# 所有名片记录的列表
card_list = []
def show_menu():
    """显示菜单
    """
    print("*" * 50)
    print("欢迎使用【菜单管理系统】V1.0")
```

```
    print("")
    print("1. 新建名片")
    print("2. 显示全部")
    print("3. 查询名片")
    print("4. 保存到文件")

    print("")
    print("0. 退出系统")
    print("*" * 50)

def new_card():
    """
    新建名片
    """
    print("-" * 50)
    print("功能：新建名片")

    # 1. 提示用户输入名片信息
    name = input("请输入姓名：")
    phone = input("请输入电话：")
    qq = input("请输入 QQ 号码：")
    email = input("请输入邮箱：")
    # 2. 将用户信息保存到一个字典
    card_dict = {"name": name,
                 "phone": phone,
                 "qq": qq,
                 "email": email}
    # 3. 将用户字典添加到名片列表
    card_list.append(card_dict)
    print(card_list)
    # 4. 提示添加成功信息
    print("成功添加{}的名片".format( card_dict["name"]))
        def show_all():
    """
```

```
    显示全部
    """
    print("-" * 50)
    print("功能：显示全部")

    # 打印表头
    for name in ["姓名", "电话", "QQ", "邮箱"]:
        print(name, end="\t\t")
    print("")
    # 打印分隔线
    print("=" * 50)
    # 1. 判断是否有名片记录
    if len(card_list) == 0:
        print("提示：没有任何名片记录")
        return
    for card_dict in card_list:
        print("{}\t\t{}\t\t{}\t\t{}".format(card_dict["name"],
                                            card_dict["phone"],
                                            card_dict["qq"],
                                            card_dict["email"]))
def input_card_info(dict_value, tip_message):
    """输入名片信息
    :param dict_value: 字典原有值
    :param tip_message: 输入提示信息
    :return: 如果输入，返回输入内容，否则返回字典原有值
    """
    # 1. 提示用户输入内容
    result_str = input(tip_message)
    # 2. 针对用户的输入进行判断，如果用户输入了内容，直接返回结果
    if len(result_str) > 0:
        return result_str
    # 3. 如果用户没有输入内容，返回 '字典中原有的值'
    else:
        return dict_value
```

```
def deal_card(find_dict):
    """
    操作搜索到的名片字典
    :param find_dict:找到的名片字典
    """
    print(find_dict)
    action = input("请选择要执行的操作"
           "[1] 修改 [2] 删除 [0] 返回上级菜单")
    if action == "1":
        find_dict["name"] = input_card_info(find_dict["name"],"请输入姓名：")
        find_dict["phone"] = input_card_info(find_dict["phone"],"请输入电话：")
        find_dict["qq"] = input_card_info(find_dict["qq"],"请输入 QQ：")
        find_dict["email"] = input_card_info(find_dict["email"],"请输入邮件：")
        print("{}的名片修改成功".format(find_dict["name"]))

    elif action == "2":
        card_list.remove(find_dict)
        print("删除成功")

def search_card():
    """
    搜索名片
    """
    print("-" * 50)
    print("功能：搜索名片")
    # 1. 提示要搜索的姓名
    find_name = input("请输入要搜索的姓名：")
    # 2. 遍历字典
    for card_dict in card_list:
        if card_dict["name"] == find_name:
            print("姓名\t\t\t 电话\t\t\tQQ\t\t\t 邮箱")
            print("-" * 40)

            print("{}\t\t{}\t\t{}\t\t{}".format(
```

```
                card_dict["name"],
                card_dict["phone"],
                card_dict["qq"],
                card_dict["email"]))
            print("-" * 40)
            # TODO(小明) 针对找到的字典进行后续操作：修改/删除
            deal_card(card_dict)
            break
    else:
        print("没有找到 {}" .format(find_name))

import pickle
filename="cards.data"   #把保存名片的文件的文件名定义为全局变量
def store_cards():
    """保存名片到文件
    """
    global filename,card_list
    with open(filename,'wb') as file:
        pickle.dump(card_list,file)
    print("已经保存名片到文件{}了".format(filename))
def restore_cards():
    """从文件中读取已经保存的名片
    """
    global filename
    with open(filename,'rb') as file:
        cards = pickle.load(file)
    print("从文件中读取到了已经保存的名片")
    return cards
def init_cards():
    """初始化名片列表
    """
    import os
    global card_list
    if os.path.exists (filename):
```

```
            card_list = restore_cards()
```

14.10.2 cards_main.py

```
#! /usr/bin/python
import cards_tools
if __name__ == '__main__':
    cards_tools.init_cards()
    while True:
        cards_tools.show_menu()
        action = input("请选择操作功能：")
        print("您选择的操作是：{}".format(action))
        # 根据用户输入决定后续的操作
        if action in ["1", "2", "3", "4"]:
            if action == "1":
                cards_tools.new_card()
            elif action == "2":
                cards_tools.show_all()
            elif action == "3":
                cards_tools.search_card()
            elif action == "4":
                cards_tools.store_cards()
        elif action == "0":
            print("欢迎再次使用【名片管理系统】")
            break
        else:
            print("输入错误，请重新输入：")
```

学过 C 语言、Java 语言或 C#语言的读者，可以看到，用 Python 做一个简单的管理系统，代码量要少很多，因此：人生苦短，我用 Python！

习　题

程序题

1. 请使用其他方式(不使用 pickle)实现 14.7 节文件存取名片的函数。
2. 仿照本章实例，开发一个简单的管理系统。

第 15 章　日期、时间和 turtle 库

学习目标

（1）掌握 time 模块。

（2）掌握 datetime 模块。

（3）理解 calendar 模块。

（4）理解 turtle 库。

15.1　日期和时间简介

软件开发过程中转换日期和时间格式是一个常见的功能，Python 程序有很多种方式处理日期和时间。Python 的内置库提供了 time 、datetime 和 calendar 模块用于格式化日期和时间，时间间隔是以秒为单位的浮点小数。和大多数语言一样，Python 中的每个时间戳都以从公元 1970 年 1 月 1 日午夜零时、零分、零秒经过了多长时间来表示。时间戳单位适于做日期运算。但是 1970 年之前的日期就无法以此表示了。太遥远的日期也不行，UNIX 和 Windows 只支持到 2038 年。

15.2　time 模块

time 模块中时间表现的格式主要有 3 种。

（1）时间戳（timestamp），时间戳表示的是从 1970 年 1 月 1 日 00:00:00 开始按秒计算的偏移量。

（2）时间元组（struct_time），共有 9 个元素。

（3）格式化时间（format time），已格式化的结构使时间更具可读性。包括自定义格式和固定格式。

这 3 种格式转换图如图 15-1 所示。

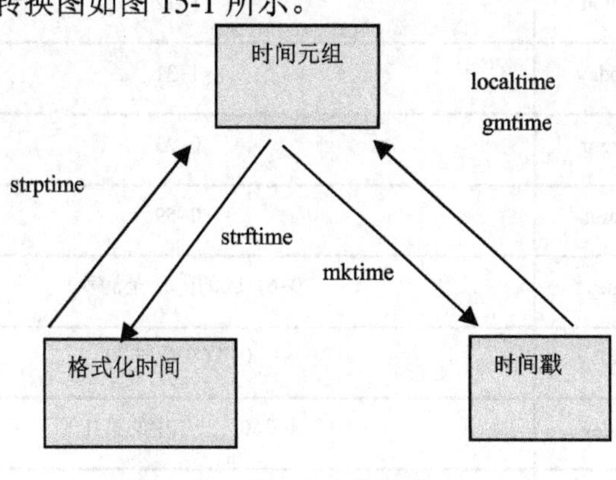

图 15-1　时间格式转换图

举例如下。

（1）获取以秒为单位的浮点时间 time ()。

```
import time
print (time.time())          #获取当前时间戳的值，单位为秒
```

运行结果：

```
1576764132.213746
```

（2）使用 ctime()函数获取可以直观理解的当前时间。

```
import time
print ( time.ctime() )
```

运行结果：

```
Thu Dec 19 22:03:18 2019
```

（3）将已有时间戳转化为直观时间。

```
import time
t = time.time ()        #时间戳
print (t)
print ( time.ctime(t))        #时间戳转化为直观时间
```

运行结果：

```
1576764198.733124
Thu Dec 19 22:03:18 2019
```

（4）时间元组。表 15-1 为时间元组格式。

表 15-1　时间元组格式

字段	属性	值
年（4 位数字）	tm_year	2017
月	tm_mon	1~12
日	tm_mday	1~31
小时	tm_hour	0~23
分钟	tm_min	0~59
秒	tm_sec	0~61（60 或 61 是润秒）
一周的第几日	tm_wday	0~6 (0 是周一)
一年的第几日	tm_yday	1~366，一年中的第几天
夏令时	tm_isdst	是否为夏令时（值 1：夏令时，值 0：不是夏令时，默认为 0）

时间元组是用 9 个数字封装起来的一个元组，表示固定格式的时间（日期）。可以用 **localtime()**打印时间元组，例子如下：

```
print (time.localtime (time.time() ) )
```

运行结果:

```
time.struct_time(tm_year=2019, tm_mon=12, tm_mday=19, tm_hour=22, tm_min=4, tm_sec=53, tm_wday=3, tm_yday=353, tm_isdst=0)
```

（5）获取格林尼治时间 UTC（Coordinated Universal Time）。

```
print( time.gmtime())          #获取 UTC 格式的当前时间(时间元组)
```

运行结果:

```
time.struct_time(tm_year=2019, tm_mon=12, tm_mday=19, tm_hour=22, tm_min=4, tm_sec=53, tm_wday=3, tm_yday=353, tm_isdst=0)
```

一个 UTC 时间有 9 项，也用元组时间格式表示。

（6）时区时间和时间戳的转换。

通过 mktime()函数可以实现时区时间（时间元组）转换为时间戳，如下所示：

```
gmt = time.gmtime()            #UTC 格式的时间(时间元组)
print (gmt)
ftime1=time.mktime(gmt)
print (ftime1)                 #将 UTC 格式的时间(时间元组)转化为时间戳
lt = time.localtime()          #所在时区当前时间(时间元组)
print (gmt)
ftime2=time.mktime(lt)
print (ftime2)                 #将所在时区当前时间(时间元组)转化为时间戳
```

运行结果：

```
time.struct_time(tm_year=2019, tm_mon=12, tm_mday=19, tm_hour=14, tm_min=19, tm_sec=15, tm_wday=3, tm_yday=353, tm_isdst=0)
1576736355.0
time.struct_time(tm_year=2019, tm_mon=12, tm_mday=19, tm_hour=14, tm_min=19, tm_sec=15, tm_wday=3, tm_yday=353, tm_isdst=0)
1576765155.0
```

（7）时间戳转化为 UTC 格式时间：

```
t = time.time()                #时间戳
print (time.gmtime(t))         #将时间戳转化为 UTC 格式的时间
print (time.localtime(t))      #将时间戳转化为当前时区时间
```

运行结果：

```
time.struct_time(tm_year=2019, tm_mon=12, tm_mday=19, tm_hour=14, tm_min=20, tm_sec=28,
tm_wday=3, tm_yday=353, tm_isdst=0)
time.struct_time(tm_year=2019, tm_mon=12, tm_mday=19, tm_hour=22, tm_min=20, tm_sec=28,
tm_wday=3, tm_yday=353, tm_isdst=0)
```

分析结果发现 tm_hour=14 对应 tm_hour=22，即 UTM 时间比当前时区时间晚 8 个小时。

（8）格式化时间：

```
lt = time.gmtime()                              #UTC 格式当前时区时间
st = time.strftime("%b %d %Y %H:%M:%S", lt)
print(st)
```

运行结果：

```
Dec 19 2019 14:22:32
```

基本的时间格式见表 15-2。

表 15-2　基本的时间格式

标识	含义	举例
%b	月份简写	Mar
%B	本地完整月份名称	3 月
%d	一个月的第几天，取值范围[01,31].	20
%y	去掉世纪的年份（00 - 99）	13
%Y	完整的年份	2013
%H	24 小时制的小时，取值范围[00,23].	17
%M	分钟，取值范围[00,59].	50
%S	秒，取值范围[00,61].	30

15.3　datatime 模块

datatime 模块重新封装了 time 模块，提供更多接口，提供的类有：date，time，datetime，timedelta 等。date 类是日期对象，常用的属性有 year，month，day；time 类是时间对象；datetime 类是日期时间对象，常用的属性有 hour，minute，second，microsecond；timedelta 类是时间间隔，即两个时间点之间的长度。

1. datetime 模块的一些基本操作

（1）打印当前的年月日：

```
import datetime
#打印当前，年，月，日
print(datetime.date.today() )
```

运行结果：

```
2019-12-19
```

（2）打印当前时间，精确到微秒：

```
import datetime
#打印当前时间，精确到微秒
current_time = datetime.datetime.now()
print(current_time)
```

运行结果:

```
2019-12-19 22:55:05.199632
```

（3）时间的计算。通过 timedelta ( ) 调整当前日期和时间，具体如下：

```
import datetime
#加十天
print (datetime.datetime.now() +datetime.timedelta (days=10) )
#减十天
print(datetime.datetime.now() +datetime.timedelta (days=-10))
#减十个小时
print(datetime.datetime.now() +datetime.timedelta (hours=-10))
#加 120s
print(datetime.datetime.now() +datetime.timedelta (seconds=120))
```

运行结果:

```
2019-12-29 22:57:45.214486
2019-12-09 22:57:45.230114
2019-12-19 12:57:45.230114
2019-12-19 22:59:45.245734
```

（4）打印当天开始和结束时间(00:00:00 23:59:59)：

```
>>> datetime.datetime.combine(datetime.date.today(), datetime.time.min)
datetime.datetime(2019, 12, 19, 0, 0)
>>> datetime.datetime.combine(datetime.date.today(), datetime.time.max)
datetime.datetime(2019, 12, 19, 23, 59, 59, 999999)
```

（5）打印两个 datetime 的时间差：

```
>>> (datetime.datetime(2019,12,23,12,0,0) - datetime.datetime.now()).total_seconds()
305827.552091
```

2. datetime 模块用于时间格式转换

datetime 模块中 datetime 对象、格式化时间（string time）、时间戳（timestamp）和时间元组（tumetuple）可以互相转换。

（1）datetime 对象转为格式化时间（string time）：

```
>>> import datetime
>>> datetime.datetime.now().strftime("%Y-%m-%d %H:%M:%S")
'2019-12-19 23:11:18' 305827.552091
```

（2）格式化时间转为 datetime 对象：

```
>>> import datetime
>>> datetime.datetime.strptime("2019-12-31 18:20:10", "%Y-%m-%d %H:%M:%S")
datetime.datetime(2019, 12, 31, 18, 20, 10)
```

（3）datetime 对象转为时间元组（timetuple）：

```
>>> import datetime
>>> datetime.datetime.now().timetuple()
time.struct_time(tm_year=2019, tm_mon=12, tm_mday=19, tm_hour=23, tm_min=13, tm_sec=52,
tm_wday=3, tm_yday=353, tm_isdst=-1)
```

（4）datetime 对象转为 date 对象：

```
>>> import datetime
>>> datetime.datetime.now().date()
datetime.date(2019, 12, 19)
```

（5）date 对象转为 datetime 对象：

```
>>> import datetime
>>> datetime.date.today()
datetime.date(2019, 12, 19)
>>> today = datetime.date.today()
>>> datetime.datetime.combine(today, datetime.time())
datetime.datetime(2019, 12, 19, 0, 0)
>>> datetime.datetime.combine(today, datetime.time.min)
datetime.datetime(2019, 12, 19, 0, 0)
```

（6）datetime 对象转为时间戳：

```
>>> import datetime,tim
>>> now = datetime.datetime.now()
>>> timestamp = time.mktime(now.timetuple())
>>> timestamp
1576769321.0
```

（7）时间戳转为 datetime 对象：

```
>>> import datetime
>>> datetime.datetime.fromtimestamp(1576769321.0)
```

```
datetime.datetime(2019, 12, 19, 23, 28, 41)
```

15.4　calendar 模块

calendar 模块主要用来处理年历和月历等，有很广泛的应用。

（1）打印 2021 年一年的日历：

```
import calendar
#打印每月日期
c = calendar.calendar(2021)
print(c)
```

运行结果：

```
                                  2021
      January                   February                   March
Mo Tu We Th Fr Sa Su      Mo Tu We Th Fr Sa Su      Mo Tu We Th Fr Sa Su
             1  2  3       1  2  3  4  5  6  7       1  2  3  4  5  6  7
 4  5  6  7  8  9 10       8  9 10 11 12 13 14       8  9 10 11 12 13 14
11 12 13 14 15 16 17      15 16 17 18 19 20 21      15 16 17 18 19 20 21
18 19 20 21 22 23 24      22 23 24 25 26 27 28      22 23 24 25 26 27 28
25 26 27 28 29 30 31                                29 30 31
       April                      May                       June
Mo Tu We Th Fr Sa Su      Mo Tu We Th Fr Sa Su      Mo Tu We Th Fr Sa Su
          1  2  3  4                      1  2          1  2  3  4  5  6
 5  6  7  8  9 10 11       3  4  5  6  7  8  9       7  8  9 10 11 12 13
12 13 14 15 16 17 18      10 11 12 13 14 15 16      14 15 16 17 18 19 20
19 20 21 22 23 24 25      17 18 19 20 21 22 23      21 22 23 24 25 26 27
26 27 28 29 30            24 25 26 27 28 29 30      28 29 30
                          31
......
```

（2）打印 2021 年 9 月一个月的日历：

```
cm=calendar.month(2021,9)
print(cm)
```

运行结果：

```
   September 2021
Mo Tu We Th Fr Sa Su
       1  2  3  4  5
```

```
 6  7  8  9  10 11 12
13  14 15 16 17 18 19
20 21  22 23 24 25 26
27 28 29 30
```

（3）根据指定的年月日计算星期几：

```
import calendar
cm=calendar.month(2021,9)
print(cm)
```

运行结果：

```
0
```

（4）将时间元组转化为时间戳：

```
import calendar
tps = (2021,9,10,11,35,0,0,0)
result = calendar.timegm(tps)
print(result)
```

运行结果：

```
1631273700
```

（5）将时间元组转化为时间戳：

```
import calendar
tps = (2021,9,10,11,35,0,0,0)
stamp= calendar.timegm(tps)        #和 time.gmtime 功能相反
print(stamp)
```

运行结果：

```
1631273700
```

15.5 turtle 库

turtle（海龟）是 Python 重要的标准库之一，它能够进行基本的图形绘制。turtle 图形绘制的概念诞生于 1969 年，成功应用于 LOGO 编程语言。

turtle 库绘制图形有一个基本框架：一个小海龟在坐标系中爬行，其爬行轨迹形成了绘制图形。刚开始绘制时，小海龟位于画布正中央，此处坐标为（0,0），前进方向为水平右方。

15.5.1 turtle 库的导入

turtle 库中的函数不能直接使用，需要使用 import 导入该库：

```
import turtle as tt
```

或者：

```
from turtle import *
```

turtle 库包含 100 多个功能函数，主要包括画布函数、画笔状态函数和画笔运动函数 3 类。

15.5.2　turtle 画布

画布就是 turtle 展开用于绘图的区域，使用者可以设置它的大小和初始位置。

设置画布大小函数 screensize：

screensize(canvwidth=None, canvheight=None, bg=None)

参数分别为画布的宽（单位像素）、高、背景颜色。如：

```
import turtle as tt
tt.screensize(800,600, "green")        #画布的宽（单位像素）、高、背景颜色
```

再如：

```
tt.screensize()        #返回默认大小(400, 300)
```

设置画布大小函数 setup：

setup(width=0.5, height=0.75, startx=None, starty=None)，

参数输入数值不同，意义也不同。如 width, height：输入宽和高为整数时，表示像素；输入宽和高为小数时，表示占据计算机屏幕的比例；(startx, starty)：这一坐标表示矩形窗口左上角顶点的位置，如果为空，则窗口位于屏幕中心。如：

```
import turtle as tt
tt.setup(width=0.6,height=0.6)
```

再如：

```
tt.setup(width=800,height=800, startx=100, starty=100)
```

15.5.3　turtle 画笔的状态与属性

1. 画笔的状态

在画布上，默认有一个坐标原点为画布中心的坐标轴，坐标原点上有一只面朝 x 轴正方向的小海龟。这里描述小海龟时使用了两个词语：坐标原点（位置），面朝 x 轴正方向（方向），在 turtle 绘图中，就是使用位置方向描述小海龟（画笔）的状态。

2. 画笔的属性

画笔的属性，包括颜色、画线的宽度等。

（1）pensize()：设置画笔的宽度。

（2）pencolor()：没有参数传入，返回当前画笔颜色，传入参数设置画笔颜色，可以是字符串如"green"，"red"，也可以是红绿蓝（RGB）3 元组。

（3）speed(speed)：设置画笔移动速度，画笔绘制的速度范围[0,10]整数，数字越大越快。

15.5.4　turtle 绘图

操纵海龟绘图有许多命令，这些命令可以划分为 3 种：一种为画笔运动命令，一种为画笔控制命令，还有一种是全局控制命令。

1. 画笔运动命令（见表 15-3）

表 15-3　画笔运动命令

命令	说明
forward(distance)	向当前画笔方向移动 distance 像素长度，简写为 fd()
backward(distance)	向当前画笔相反方向移动 distance 像素长度
right(degree)	顺时针移动 degree°
left(degree)	逆时针移动 degree°
pendown()	移动时绘制图形，默认时也为绘制
goto(x,y)	将画笔移动到坐标为 x,y 的位置
penup()	提起笔移动，不绘制图形，用于另起一个地方绘制
circle()	画圆，半径为正（负），表示圆心在画笔的左边（右边）画圆
setx( )	将当前 x 轴移动到指定位置
sety( )	将当前 y 轴移动到指定位置
setheading(angle)	设置当前朝向为 angle 角度
home()	设置当前画笔位置为原点，朝向东
dot(r)	绘制一个指定直径和颜色的圆点

2. 画笔控制命令（见表 15-4）

表 15-4　画笔控制命令

命令	说明
fillcolor(colorstring)	绘制图形的填充颜色
color(color1, color2)	同时设置 pencolor=color1, fillcolor=color2
filling()	返回当前是否在填充状态
begin_fill()	准备开始填充图形
end_fill()	填充完成
命令	说明
hideturtle()	隐藏画笔的 turtle 形状
showturtle()	显示画笔的 turtle 形状

3. 全局控制命令（见表 15-5）

表 15-5　全局控制命令

命令	说明
clear()	清空 turtle 窗口，但是 turtle 的位置和状态不会改变
reset()	清空窗口，重置 turtle 状态为起始状态
undo()	撤销上一个 turtle 动作
isvisible()	返回当前 turtle 是否可见
stamp()	复制当前图形
write(s,move=False,align='left', font=('Arial', 8, 'normal'))	写文本，s 为文本内容，align 为对齐方式，font 是字体元组，分别为字体名称、大小和类型

4. 其他命令（见表 15-6）

表 15-6　其他命令

命令	说明
mainloop()或 done()	启动事件循环-调用 Tkinter 的 mainloop 函数。必须是乌龟图形程序中的最后一个语句
mode(mode=None)	设置乌龟模式（standard、logo 或 world）并执行重置。如果没有给出模式，则返回当前模式。standard：向右（东），逆时针；logo：向上（北）顺时针
delay(delay=None)	设置或返回以毫秒为单位的绘图延迟
begin_poly()	开始记录多边形的顶点。当前的乌龟位置是多边形的第一个顶点
end_poly()	停止记录多边形的顶点。当前的乌龟位置是多边形的最后一个顶点。将与第一个顶点相连
get_poly()	返回最后记录的多边形

15.5.5　turtle 绘图举例

1. 绘制正方形

```
#绘制正方形
import turtle as tt
#定义绘制时画笔的颜色
tt.color("purple")
#定义绘制时画笔的线条的宽度
```

```
tt.pensize(5)
#定义绘图的速度
tt.speed(2)
#以 0,0 为起点进行绘制
tt.goto(0,0)
#绘出正方形的四条边
for i in range(4):
    tt.forward(200)
    tt.right(90)
#隐藏画笔
tt.hideturtle()
#结束绘图
tt.done()
```

运行结果如图 15-2 所示。

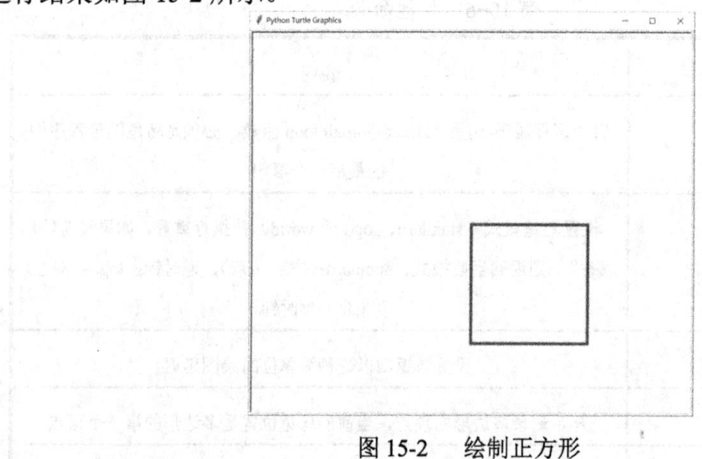

图 15-2　绘制正方形

2. 绘制五角星

下面是绘制五角星的代码，大家试着解释每一代码块的含义。

```
#绘制五角星
import turtle as tt
tt.setup(400,400)
tt.penup()
tt.goto(-100,50)
tt.pendown()
tt.color("red")
tt.begin_fill()
```

```
for i in range(5):
    tt.forward(200)
    tt.right(144)
tt.end_fill()
tt.hideturtle()
tt.done()
```

运行结果如图 15-3 所示。

图 15-3　绘制五角星

3. 绘制心形

```
#绘制心形
import turtle as tt
tt.color('red','pink')
tt.begin_fill()
tt.left(135)
tt.fd(100)
tt.right(180)
tt.circle(50,-180)
tt.left(90)
tt.circle(50,-180)
tt.right(180)
tt.fd(100)
tt.end_fill()
tt.hideturtle()
tt.done()
```

运行结果如图 15-4 所示。

图 15-4　绘制心形

习　题

简答题

1. Python 常用的时间、日期库有哪些函数？

2. turtle 库常用函数有哪些？

3. time.localtime 和 time.gmtime 两个函数，获取的时间有什么区别？

4. 如何将一个 time.localtime 时间转化为数值型时间？反过来如何将数值型时间转化为时区时间？

5. 计算当前时间 20 天前的日期时间。

6. 打印 2023 年 3 月份的日历。

7. 使用 turtle 库分别画出圆形、环形、菱形、梯形、椭圆形等基本形状并填充颜色。

第 16 章　网络爬虫编写

学习目标

（1）HTML 简介。

（2）爬虫环境配置。

（3）requests。

（4）BeautifulSoup。

（5）requests 与 BeautifulSoup。

（6）爬取新浪新闻正文。

（7）爬虫攻防。

16.1　爬取前的准备

在学习爬虫之前，首先要了解 HTML，然后安装爬虫需要的三方模块。

16.1.1　HTML 简介

HTML 的全称是超文本标记语言（hypertext markup language），注意，不是编程语言，而是一种标记语言，它含有一套标记标签，使用这些标记标签来描述网页。打开计算机的记事本，写一段 HTML，保存为.html 的文件，用浏览器打开，就能看到渲染完成的网页。

例如，输入以下一段 HTML：

```
<html>
    <body>
    <h1 id="title">hello world</h1>
    <a class="link" href="http://www.pythonlearning.com">This is link1</a>
    <br>
    <a class="link" href=" http://www.pythonlearning.net">This is link2</a>
    </body>
</html>
```

保存为.html 的文件，用浏览器打开，就能马上看到渲染完成的网页，如图 16-1 所示。

hello world

This is link1
This is link2

图 16-1　HTML 结果

1. 什么是标签

从上面的例子中可以看到以下几点。

（1）HTML 标签由开始标签和结束标签组成。

（2）开始标签是被括号包围的元素名。

（3）结束标签是被括号包围的斜杠和元素名。

（4）某些 HTML 元素没有结束标签，如
。

2. 例子中用到的标签

（1）html：可以看到，html 标签在整个 HTML 文档的最外层，它是根元素，包裹着一个完整的页面。

（2）body：body 标签定义了文档的主体，包含了所有显示在页面上的内容，如文字、图片、表格、列表、超链接、音频、视频等。

（3）h1：h1 标签定义为一级标题，其中的 1 表示 1 级的意思。

（4）br：br 标签定义了换行。

（5）a：a 标签定义了链接。

此外，还有 HTML 元素的概念，是指从开始标签到结束标签的所有代码。

3. HTML 标签的属性

HTML 标签可以拥有属性，在上面的例子中，h1 标签中的 id="title"就是 h1 标签的属性。

（1）HTML 标签的属性提供了有关 HTML 元素的更多的信息。

（2）属性总是以名称/值对的形式出现，如：name="value"。

（3）属性总是在 HTML 元素的开始标签中规定。

HTML 标签的属性中经常会出现 id="xxx"或 class="xxx"，这两个是适用于大多数 HTML 标签的属性，下面给出常用的标签属性，见表 16-1。

表 16-1　适用于大多数 HTML 标签的属性

属性	描述
class	规定元素的类名（classname）
id	规定元素的唯一 id
style	规定元素的行内样式（inline style）
title	规定元素的额外信息（可在工具提示中显示）

此外，有些标签有自己特有的属性，如 a 标签，即链接标签，就拥有 href 属性，表示指向另一个文档的链接；再如 img 标签，即图像标签，拥有 src 属性，表示图像来源于哪儿。本章课后习题中就有一道题，要求爬取某网站首页的所有图片，就要搜索 img 标签的 src 属性。

16.1.2　需要安装的模块

下载 Python，配置环境（可使用 anocanda，里面提供了很多 Python 模块），Windows 下打开 cmd 窗口，Linux 下打开终端命令行，进入 Python 安装文件夹。

（1）BeautifulSoup 的安装：

```
pip install BeautifulSoup4
```

（2）requests 的安装：

```
pip install requests
```

（3）pandas 的安装：

```
pip install pandas
```

（4）下载安装 jupyter notebook（可选）：

```
pip install jupyter notebook
```

16.2　requests 示例

下面是在 Python 中使用 requests 包中 get 方法的小例子。

```
#requests.get 示例
import requests
res=requests.get('http://news.sina.com.cn/china/')
res.encoding='utf-8'   #这一句是为了避免中文乱码
print(res)   #输出结果是<Response [200]>，可知 resquests.get 返回回复的数量，而不是回复的内容
print(res.text)   #因此加上".text"才是得到网页内容
```

输出结果的前面的一小部分显示如下：

```
<Response [200]>
<!DOCTYPE html>
<!-- [ published at 2018-08-09 19:30:48 ] -->
<html>
<head>
<meta http-equiv="Content-type" content="text/html; charset=utf-8" />
<title>国内新闻_新闻中心_新浪网</title>
<meta name="keywords" content="国内时政,内地新闻">
<meta name="description" content="新闻中心国内频道，纵览国内时政、综述评论及图片的栏目，主要包括时政要闻、内地新闻、港澳台新闻、媒体聚焦、评论分析。">
<meta name="robots" content="noarchive">
<meta name="Baiduspider" content="noarchive">
```

```
<meta http-equiv="Cache-Control" content="no-transform">
<meta http-equiv="Cache-Control" content="no-siteapp">
<meta name="applicable-device" content="pc,mobile">
```

可以发现，requests.get 获取的内容是一个完整的 HTML 文档，不仅包括网页显示的信息，还包括了 HTML 的标签。为了将这些标签去掉，就需要使用到 BeautifulSoup 4。

requests.get 只有当想要爬取的网页的请求方式（request method）是 GET 时才能用，可以用浏览器自带的功能进行查看。例如，在 chrome 浏览器中，打开一个网页，在页面空白处右击，在出现的菜单中选择“检查”命令，可以打开开发者界面。刷新页面并在 Name 属性下选中第一个（大部分都是第一个），在右侧可以看到 Resquest Method:GET，表明该网页的请求方式是 GET 方式。

如果要爬取的内容是通过 form 表单获取的后台动态内容，可以使用 requests.post(url, data)，url 为网址，data 为 form 表单的所有数据组成的字典。例如，对于简单的手机登录表单，可以构建手机和密码的字典 data={ 'phone': '13811922644', 'password': '123456'}，然后用 requests.post(url, data)登录，其中 url 为要登录的网址。

16.3 BeautifulSoup 示例

（1）HTML 的标签有标签名、id、class 和其他属性，标签内还有文字内容。

（2）BeautifulSoup 可以用 select 通过 HTML 标签的标签名（直接用标签名）、id（名称前面加#）、class（名称前面加.）获取同名的标签，组成标签列表。每个标签的属性，可以直接用该标签变量的下标获取，如 link['href']可以获取 link 标签变量的 href 属性。

（3）BeautifulSoup 可以用 HTML 标签的标签名变量加.text 获取标签文字内容。

下面是一些示例，通过一个简单的 HTML 脚本来演示 BeautifulSoup 的工作。

16.3.1 简单的 BeautifulSoup 示例

```
#简单的 BeautifulSoup 示例
from bs4 import BeautifulSoup
html_sample='\
<html> \
    <body> \
    <h1 id="title">hello world</h1> \
    <a href="#" class="link">This is link1</a> \
    <a href="# link2" class="link">This is link2</a>\
    </body> \
</html>'
```

```
soup=BeautifulSoup(html_sample,'html.parser')#指定解析器 html.parser
print(soup)         #没有去掉标签
print(soup.text)         #把里面的内容截取出来，而去掉标签
```

运行结果为：

```
<html> <body> <h1 id="title">hello world</h1> <a class="link" href="#">This is link1</a> <a class="link" href="# link2">This is link2</a> </body> </html>
hello world This is link1 This is link2
```

16.3.2　使用 select 找出含有 h1 标签的元素

```
#使用 select 找出含有 h1 标签的元素
soup = BeautifulSoup(html_sample,'html.parser')
header = soup.select('h1')
print(header)#回传 Python 的一个 list
print(header[0])#解开这个回传的 list，打[0]时没有两边的中括号
print(header[0].text)#只获取里面的文字
```

运行结果为：

```
[<h1 id="title">hello world</h1>]
<h1 id="title">hello world</h1>
hello world
```

16.3.3　使用 select 找出含有 a 标签的元素

```
#使用 select 找出含有 a 标签的元素
soup = BeautifulSoup(html_sample,'html.parser')
alink = soup.select('a')
print(alink)
for link in alink:
    print(link)
    print(link.text)
```

运行结果为：

```
[<a class="link" href="#">This is link1</a>, <a class="link" href="# link2">This is link2</a>]
<a class="link" href="#">This is link1</a>
This is link1
<a class="link" href="# link2">This is link2</a>
This is link2
```

16.3.4　使用 select 找出所有 id 为 title 的元素

```
#使用 select 找出所有 id 为 title 的元素
```

```
soup = BeautifulSoup(html_sample,'html.parser')
alink = soup.select('#title')   # (id 前面需加上#)
print(alink)
```

运行结果为：

```
[<h1 id="title">hello world</h1>]
```

16.3.5 使用 select 找出所有 class 为 link 的元素

与 16.3.4 类似，如果找的是所有同名 class，那么只要把#号换成.号即可。

```
#使用 select 找出所有 class 为 link 的元素
soup = BeautifulSoup(html_sample,'html.parser')
alink = soup.select('.link')   # (class 前面需加上.)
print(alink)
```

运行结果为:

```
[<a class="link" href="#">This is link1</a>, <a class="link" href="# link2">This is link2</a>]
```

16.3.6 取得所有 a 标签内的链接

```
#取得所有 a 标签内的链接
#使用 select 找出所有的 a tag 的 href 连接
alinks=soup.select('a')
for link in alinks:
    print(link)
    print(link['href'])       #用中括号里的关键词提取值，因为 select 把获取的大部分内容包装成键值的形式了
```

运行结果为：

```
<a class="link" href="#">This is link1</a>
#
<a class="link" href="# link2">This is link2</a>
# link2
```

16.3.7 获取 a 标签中的不同属性值

```
#获取 a 标签中的不同属性值
a='<a href="#" qoo=123 abc=456> i am a link </a>'
soup2=BeautifulSoup(a, 'html.parser')
#print(link['href'])
print(soup2.select('a'))
print(soup2.select('a')[0])
print(soup2.select('a')[0]['href'])         #最后一个中括号里面可以是'abc','qoo','href'，放入不同的属
```

性名称，就可以取得对应的属性值

运行结果为：

```
[<a abc="456" href="#" qoo="123"> i am a link </a>]
<a abc="456" href="#" qoo="123"> i am a link </a>
#
#
```

总之，用 BeautifulSoup 的 select 方法，通过标签名可以找到标签元素列表；通过标签的 id（名称前加#）和 class（名称前加.）名称可以找到相应的标签元素列表；对每个标签元素的属性，可以直接用属性名做该标签元素变量的下标获取属性值。学了这些，就可以对网页进行爬取了，如爬取某一网页中的所有图片。下面以新浪中国新闻为例，进一步讲解。

16.4　将 requests 与 BeautifulSoup 结合使用的一些例子

16.4.1　新浪中国新闻主页信息获取

```
#新浪新闻主页信息获取
import requests
from bs4 import BeautifulSoup
res =requests.get('http://news.sina.com.cn/china/')
res.encoding='utf-8'
soup=BeautifulSoup(res.text, 'html.parser')
    #soup=BeautifulSoup(res, 'html.parser')
    #print(soup.select('res')[0].text) 这两行是错误的方法，res 是 response 型，不能直接在
BeautifulSoup 中调用

#print(res.text)   #获取新浪新闻主页的全部信息


###仅提取新闻标题、来源的全部列表
for news in soup.select('.right-content'):
    alink=news.select('a')
    for link in alink:
        tl = link.text
        a = link['href']
        print(tl,a)#打印标题和链接
```

运行结果前几条如下：

省委书记专程进京汇报后 中央政治局常委南下

https://news.sina.com.cn/c/xl/2019-11-10/doc-iicezzrr8549049.shtml
首次 为了这件事各战区军兵种将军齐聚北京
https://news.sina.com.cn/c/xl/2019-11-10/doc-iicezzrr8571844.shtml
猪肉价格啥时候"稳住"？专家说了一个时间点
https://news.sina.com.cn/s/2019-11-10/doc-iicezzrr8506963.shtml
蒙面暴徒破坏商铺并袭警 港府：无法无天令人愤慨
https://news.sina.com.cn/c/2019-11-11/doc-iicezzrr8579913.shtml
张善政担任韩国瑜参选副手 誓言不让蔡英文连任
https://news.sina.com.cn/c/2019-11-11/doc-iicezzrr8642716.shtml
中石油中海油抱团中标巴西深海盐下石油项目
https://news.sina.com.cn/c/2019-11-11/doc-iicezzrr8631394.shtml
天猫双 11 战报令日媒吃惊：1 天成交额超乐天一年份
https://news.sina.com.cn/c/2019-11-11/doc-iicezzrr8626671.shtml
安徽书协原主席李士杰失联 曾大赛现场发百万奖金
https://news.sina.com.cn/o/2019-11-11/doc-iicezzrr8611035.shtml
美国欢迎中国学生:美驻华大使这篇文章释放啥信号
https://news.sina.com.cn/o/2019-11-11/doc-iicezzrr8610421.shtml
港警：10 日拘捕至少 88 人 强烈谴责暴徒袭警等行为
https://news.sina.com.cn/c/2019-11-11/doc-iicezzrr8609601.shtml
退休不是"安全岛" 多地整治"告黑状"
https://news.sina.com.cn/c/2019-11-11/doc-iicezzrr8605466.shtml

16.4.2 获取某一篇文章的标题、日期、来源、正文等内容

```
#获取某一篇文章的标题、日期、来源、正文等内容
import requests
from bs4 import BeautifulSoup
res =requests.get('http://news.sina.com.cn/o/2018-03-16/doc-ifysiesm9100707.shtml')
res.encoding='utf-8'
#print(res.text)      #这里得到的是带有 html 标签的网页内容
soup=BeautifulSoup(res.text, 'html.parser')     #将 requests.get 获取得到的 res 对象变成
    BeautifulSoup 对象，供后面的每个字段属性的提取

title=soup.select('.main-title')[0].text        #获取标题
datesource=soup.select('.date')[0].text         #获取日期
source=soup.select('.source')[0].text       #获取来源
```

```
sourcelink=soup.select('.source')[0]['href']       #获取来源链接
article=soup.select('.article')[0].text       #获取正文内容
print(title,datesource,source,sourcelink,article)
```

运行结果为:

陈宝生：2017 年在消除大班额方面取得突破性进展 2018 年 03 月 16 日 12:06 央视 http://m.news.cctv.com/2018/03/16/ARTIRUqtoX50IsMNaaSh7dN1180316.shtml

原标题 [微视频]陈宝生：2017 年在消除大班额方面取得突破性进展

今天（3 月 16 日）上午，十三届全国人大一次会议新闻中心举行记者会，邀请教育部部长陈宝生就"努力让每个孩子都能享有公平而有质量的教育"等问题回答中外记者提问。

陈宝生部长就消除城镇学校大班额现象回答了记者的提问。

教育部部长陈宝生：2017 年在消除大班额方面，我们取得了突破性的进展。2017 年，我们有大班额 36.8 万个，占全部班级的 10.1%，这一年我们减少了 8.2 万个大班额，和上年比下降了 18.3%，这个幅度是很大的。超大班额，现在我们全国有 8.6 万个，占全部班级的 2.4%。去年一年，我们减少了 5.6 万个，下降的比例是很大的，39%以上，近 40%，这是去年在消除大班额方面取得的突破性进展。

（略）

16.4.3　输出字符串型的 date 和时间型的 date

示例 16.4.2 中获取的日期的数据类型是字符串型，可以用：type(datesource)语句进行查看，输出会得到：str。但在实际用途中，可能需要对时间数据进行类型转换，一个简单的方法是用 datetime 包中的 strptime 方法。

```
#输出字符串型的 date 和时间型的 date
from datetime import datetime
datesource = "2018 年 3 月 16 日  12:06"

dt=datetime.strptime(datesource,'%Y 年%m 月%d 日  %H:%M')
print(dt)
type(dt)
```

运行结果为:

```
2018-03-16 12:06:00
datetime.datetime
```

16.5 对新闻正文内容的抓取

在对新闻网页的新闻文本进行提取时，通常文本会分为多个段落，也就是会有多个标签，例如，对于下面的一个网页，新闻正文存放在 id 为 artibody 的 div 标签内，每一段分在一个 p 标签内。

要获取正文的全部内容的代码如下：

```
import requests
from bs4 import BeautifulSoup
res =requests.get('http://news.sina.com.cn/gov/2017-11-02/doc-ifynmzrs6000226.shtml')
res.encoding='utf-8'

soup=BeautifulSoup(res.text, 'html.parser')
title=soup.select('#artibody')[0].text

print(title)
```

运行结果为：

中新网北京 11 月 2 日电（记者 李金磊）人社部 1 日召开第三季度新闻发布会，回应了最低工资、养老保险全国统筹、就业形势、农民工工资等一系列民生热点问题：截至 10 月底，全国共有 17 个地区调整了最低工资标准；养老保险全国统筹准备明年迈出第一步；三季度末全国城镇登记失业率为金融危机以来最低点；将加大对拖欠农民工工资违法行为的查处力度。17 地区发布 2017 年最低工资标准。17 个地区已经调整最低工资标准 人社部新闻发言人卢爱红介绍，截至 10 月底，全国共有 17 个地区调整了最低工资标准，平均调增幅度 10.4%。全国月最低工资标准最高的是上海的 2300 元，小时最低工资标准最高的是北京的 22 元。

（略）

几乎是和原网页显示的一样了，段落分明且不带标签。

16.6 对使用了 JavaScript 方式的评论数的抓取

一般来说，新闻网页的评论数通过字段名的方式是无法直接获取的。如找到了评论数在 **commentCount1M** 字段内，于是直接用 **soup.select**：

```
soup.select('#commentCount1M')
```

但发现得到的结果为：

```
[<span id="commentCount1M"></span>]
```

没有直接获取评论数，因为评论数往往不是一个静态的数字，它是通过 Java-Script 方式得到的，会根据评论数量的增加而改变。所以正确的方式应该是找到它所使用的 javascript。

操作方式具体如下。

（1）在浏览器中打开网页，在网页的网络视图中所有下载的文件中查找含有评论数的文件，如抓取的网页的评论数是 49，参与人数是 198，那么就寻找含有这个数字的文件，再看是不是要的评论数。可以通过浏览器的预览类视图（preview）视图进行快速查看。

（2）找到之后，在右侧 Header 视图中获取这个文件的请求地址（reuqest url）。

例如，打开 Google Chrome 浏览器，单击右上角的 3 个点，选择开发者工具，弹出一个 preview 视图窗口，在该窗口中单击 network 导航条，然后在浏览器地址栏输入网页地址，分析哪个是动态改变标签内容的请求 url，然后通过该 url 爬取。

```
import requests
res=requests.get('http://comment5.news.sina.com.cn/page/info?version=1&format=js&channel=gn
&newsid=comos-fynmzrs6000226&group=&compress=0&ie=utf-8&oe=utf-
8&page=1&page_size=20&')
print(res.text)
```

执行得到的结果是很大一片的代码，类似于 json 的脚本。

（3）通过 json 进行打开：

```
import json
jd=json.loads(comments.text.strip('var data='))        #转化成字典
```

此时就把内容加载进 jd 中了。想要查看可以直接打印 jd 并运行：

```
print(jd)
```

运行结果会显示每一条评论的相关信息：

```
{'result':
   {'status': {'msg': '', 'code': 0},
   'count': {'qreply': 96, 'total': 176, 'show': 43},
   'replydict': {},
   'language': 'ch',
   'encoding': 'utf-8',
   'top': [],
  （略）
```

这就说明成功地获取了新闻的评论。

（4）但想要的是总评论数，在运行结果中，发现 176 位于 result 下面的 count 下的 total 里面，于是：

```
print(jd['result']['count']['total'])
```

得到结果：

```
176
```

获取成功。

16.7　获取网页 url 的 id

16.7.1　方法一：通过使用 split()和 strip()函数

网页的 id 是网页的标识，一个 id 对应了一个网页，当抓取的网页数量较多时，可能需要获取每个网页对应的 id 来对其进行更方便的管理和使用。

每个网页的 id 在它的 url 里面很容易找到，如：

http://news.sina.com.cn/gov/2017-11-02/doc-ifynmzrs6000226.shtml 中，可以知道“fynmzrs6000226”这一段就是该网页所对应的网页 id。

获取 id 的代码如下：

```
newsurl='http://news.sina.com.cn/gov/2017-11-02/doc-ifynmzrs6000226.shtml'
newsid=newsurl.split('/')[-1].rstrip('.shtml').lstrip('doc-i')
print(newsid)
```

运行结果为：

```
fynmzrs6000226
```

16.7.2　方法二：通过使用正则表达式

```
#获取网页 id（正则表达式法）
import re
m=re.search('doc-i(.+).shtml',newsurl)
print(m) #查看匹配结果，match 部分是匹配到的部分
print(m.group(0)) #匹配到的部分
print(m.group(1)) #匹配到的“(.+)”部分
```

运行结果为：

```
<_sre.SRE_Match object; span=(39, 64), match='doc-ifynmzrs6000226.shtml'>
doc-ifynmzrs6000226.shtml
fynmzrs6000226fynmzrs6000226
```

16.8　完 整 代 码

以获取新浪国内新闻为例。

```
#获取当日新浪国内新闻的标题、内容、时间和评论数
import requests
from bs4 import BeautifulSoup
from datetime import datetime
import re
import json
import pandas
```

```
def getNewsdetail(newsurl):
    res = requests.get(newsurl)
    res.encoding = 'utf-8'
    soup = BeautifulSoup(res.text,'html.parser')
    newsTitle = soup.select('.main-title')[0].text.strip()
    nt = datetime.strptime(soup.select('.date')[0].text.strip(),'%Y 年%m 月%d 日  %H:%M')
    newsTime = datetime.strftime(nt,'%Y-%m-%d %H:%M')
    newsArticle = getnewsArticle(soup.select('.article p'))
    newsAuthor = newsArticle[-1]
    return newsTitle,newsTime,newsArticle,newsAuthor
def getnewsArticle(news):
    newsArticle = []
    for p in news:
        newsArticle.append(p.text.strip())
    return newsArticle

# 获取评论数量
def getCommentCount(newsurl):
    m = re.search('doc-i(.+).shtml',newsurl)
    newsid = m.group(1)
commenturl=
'http://comment5.news.sina.com.cn/page/info?version=1&format=js&channel=gn&newsid=comos-{}&group=&compress=0&ie=utf-8&oe=utf-8&page=1&page_size=20'
    comment = requests.get(commenturl.format(newsid))    #将要修改的地方换成大括号，并
    用 format 将 newsid 放入大括号的位置
    jd = json.loads(comment.text.lstrip('var data='))
    #print(jd['result']['status']['code'])
    count = -1 #评论异常
    if jd['result']['status']['code'] == 0:
        count = jd['result']['count']['total']
    #print(count)
    return count

def getNewsUrls():
```

```
#得到新闻地址（获得所有分页新闻地址）
    res =requests.get('https://news.sina.com.cn/china/')
    res.encoding='utf-8'
    soup=BeautifulSoup(res.text, 'html.parser')
    #print(len(res.text))      #获取新浪新闻主页的全部信息
    urls = []
    for news in soup.select('.right-content'):
        alink=news.select('a')
        for link in alink:
            urls.append(link['href'])
    return urls
#取得新闻时间，编辑，内容，标题，评论数量并整合在 total_2 中
def getNewsDetail():
    title_all = []
    author_all = []
    commentCount_all = []
    article_all = []
    time_all = []
    #url_all = getNewsLinkUrl()
    url_all = getNewsUrls()
    for url in url_all:
        print(url)
        title_all.append(getNewsdetail(url)[0])
        time_all.append(getNewsdetail(url)[1])
        article_all.append(getNewsdetail(url)[2])
        author_all.append(getNewsdetail(url)[3])
        commentCount_all.append(getCommentCount(url))
    total_2                                                                  =
{'a_title':title_all,'b_article':article_all,'c_commentCount':commentCount_all,'d_time':time_all,'e_edito
r':author_all}
    return total_2

#(运行起始点)用 pandas 模块处理数据并转化为 excel 文档
total_news = getNewsDetail()
```

```
df = pandas.DataFrame(total_news)
print(df)
df.to_excel('news2.xls')
```

16.9　高级爬虫（爬虫攻防）简介

现在很多网站为了防止爬取，采取了很多方法，下面依次介绍。

16.9.1　阻断爬虫程序

这种是网站判断是否为爬虫程序，是就阻断网页访问。这一类网页可以通过 requests.get 方法的 header 参数模仿某一浏览器即可。如：

```
import requests
from bs4 import BeautifulSoup

send_headers = {
        "User-Agent": "Mozilla/5.0 (Windows NT 10.0; Win64; x64) AppleWebKit/537.36 (KHTML, like Gecko) Chrome/61.0.3163.100 Safari/537.36",
        "Connection": "keep-alive",
        "Accept":
"text/html,application/xhtml+xml,application/xml;q=0.9,image/webp,image/apng,*/*;q=0.8",
        "Accept-Language": "zh-CN,zh;q=0.8"}
res=requests.get('https://blog.csdn.net/qq_43679940/article/details/84072240',
        headers=send_headers)
res.encoding='utf-8'
print(res.text)
```

16.9.2　通过 JavaScript 对网页标签动态改变

对于这一类网页，有以下几种方法。

1. 通过监控网络连接获取请求 url

这种方法，最常用的是打开 Google Chrome 浏览器，单击右上角的 3 个点，选择开发者工具，弹出一个窗口，在该窗口中单击 Network 导航条，然后在浏览器地址栏输入网页地址，分析哪个是动态改变标签内容的 url，然后通过该 url 爬取。本章文章评论数的 url 就可以这样获取。详细操作图如图 16-2 所示。

打开开发者工具后，输入要爬取的网页，然后在 Network 导航条下单击 Preview，最后在 Name 栏中一个个文件单击并在 Preview 中查找含有评论数字的内容，如图 16-3 所示。

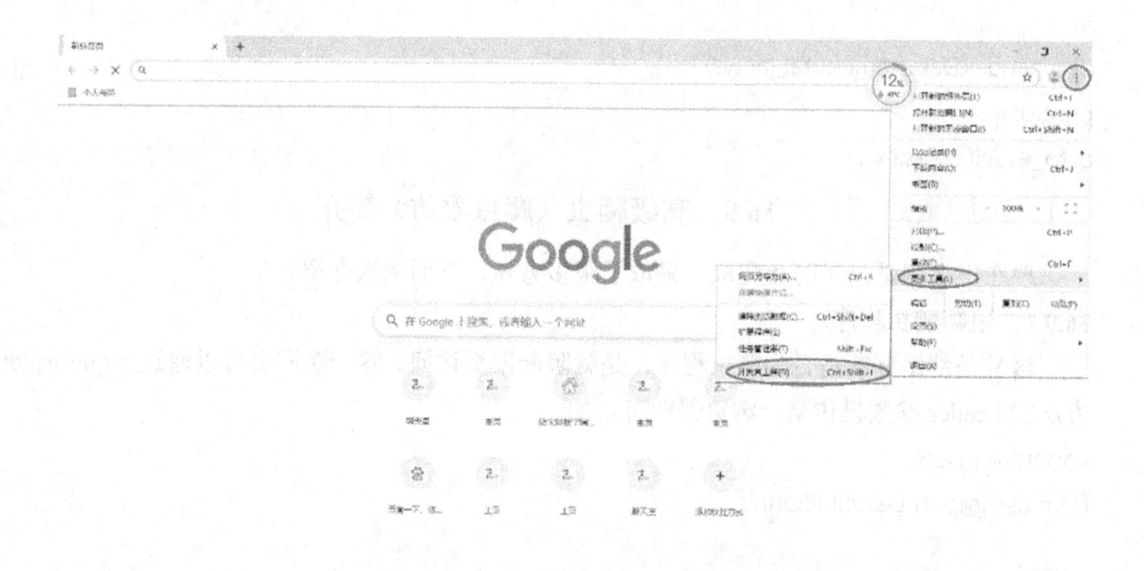

图 16-2　Chrome 浏览器开发者工具

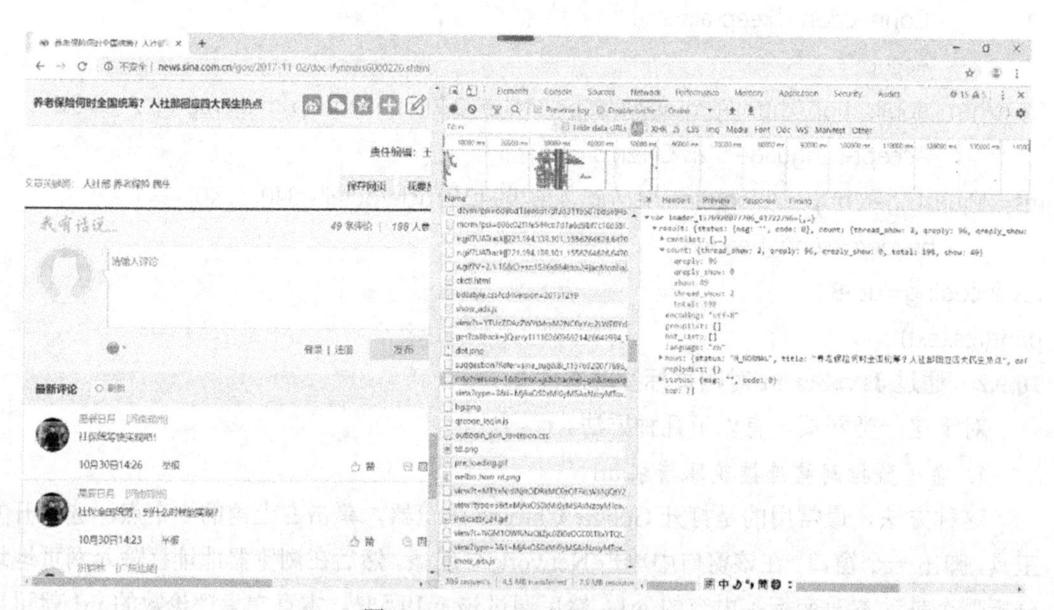

图 16-3　Preview 中查找评论数

找到需要的内容后在 Network 导航条下单击 Headers，看到 Request URL 就是要找的请求地址。如图 16-4 所示。把该地址复制到爬虫程序中，并分析其中哪个是可变的。

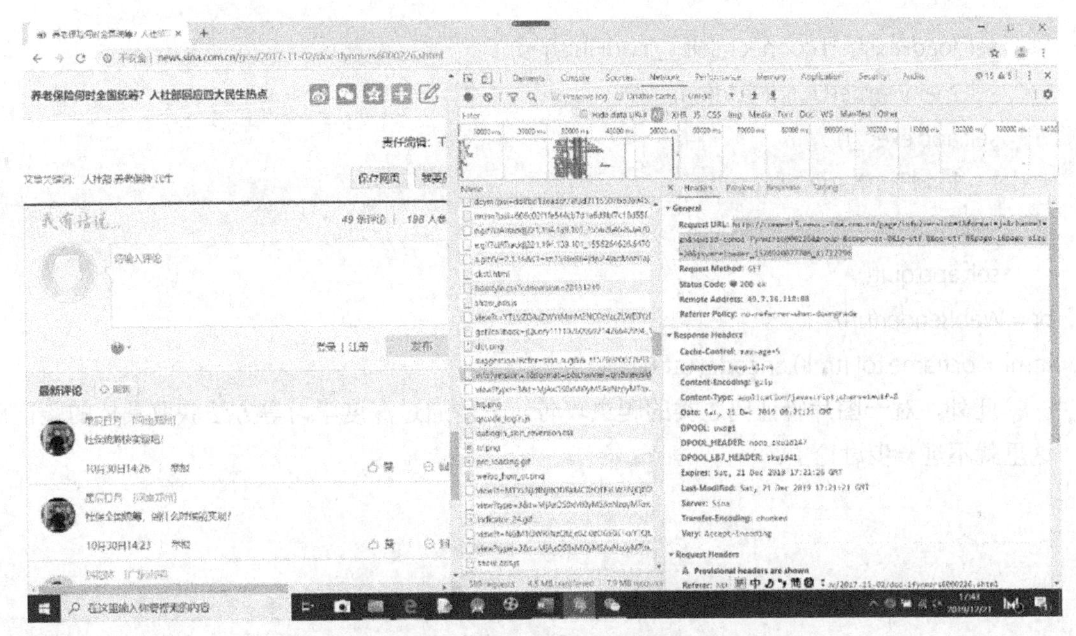

图 16-4　Headers 中查找请求地址（Request URL）

最后编程解析该内容获取评论数。

对于视频之类的内容，也可以用这种方法获取，视频往往有 video 这一单词，获取的时候可以重点关注。

2. 通过浏览器执行 JavaScript 获取 HTML 内容

这种方法常见的有两种，一种是用 selenium 打开某一种浏览器，执行 JavaScript 获取 HTML 内容。另外一种是用 PyQt 执行 JavaScript 获取 HTML 内容。

下面以 PyQt5 为例介绍如何获取 HTML。

首先安装 PyQt5：

```
pip install PyQt5
```

其次获取 HTML 内容：

```
import sys
from PyQt5.QtWidgets import *
from PyQt5.QtCore import *
from PyQt5.QtWebKitWidgets import *
#use QtWebkit to get the final webpage
class WebRender(QWebPage):
def __init__(self, url):
    self.app = QApplication(sys.argv)
    QWebPage.__init__(self)
```

```
        self.loadFinished.connect(self.__loadFinished)
        self.mainFrame().load(QUrl(url))
        self.app.exec_()
    def __loadFinished(self, result):
        self.frame = self.mainFrame()
        self.app.quit()
br = WebRender(url)
html = br.frame.toHtml().encode('utf-8')
```

此外，对于图片验证码之类的爬虫攻防，只能通过深度学习等方法获取具体的验证码，这里就不进一步讨论了。

习　题

应用开发题

1. 编写一个爬虫程序，爬取某一个网站主页的所有图片。
2. 编写一个爬虫程序，爬取某一个静态网站的全部内容。

第 17 章　网络 Socket 编程

学习目标

（1）理解 TCP/IP 协议。

（2）掌握 Python Socket 编程。

17.1　TCP/IP 协议简介

17.1.1　什么是 TCP/IP

TCP/IP 是一类协议系统，它是用于网络通信的一套协议集合。从传统意义上来说，TCP/IP 被认为是一个四层协议。表 17-1 为 TCP/IP 协议族和 OSI 体系结构对照表。

表 17-1　TCP/IP 协议族和 OSI 体系结构对照表

OSI 体系结构	TCP/IP 协议族	
应用层	应用层	TELNET、FTP、HTTP、SMTP、DNS 等
表示层		
会话层		
传输层	传输层	TCP、UDP
网络层	网络层	IP、ICMP、ARP、RARP
数据链路层	网络接口层	各种物理通信网络接口
物理层		

（1）网络接口层。主要是指物理层次的一些接口，如电缆等。

（2）网络层。提供独立于硬件的逻辑寻址，实现物理地址与逻辑地址的转换。

在 TCP/IP 协议族中，网络层协议包括 IP 协议（网际协议）、ICMP 协议（Internet 互联网控制报文协议）及 IGMP 协议（Internet 组管理协议）。

（3）传输层。为网络提供流量控制、错误控制和确认服务。

在 TCP / IP 协议族中有两个互不相同的传输协议：TCP（传输控制协议）和 UDP（用户数据报协议）。

（4）应用层。为网络排错、文件传输、远程控制和 Internet 等操作提供具体的应用程序。

17.1.2　网络接口层

这一块主要涉及一些物理传输，如以太网、无线局域网，本书不做详细的介绍。

17.1.3 网络层

前面提到，网络层主要就是做物理地址与逻辑地址之间的转换。目前市场上应用最多的是 32 位二进制的 IPv4，因为 IPv4 的地址已经不够用了，所以 128 位二进制的 IPv6 应用越来越广泛（但是下面的介绍都是基于 IPv4 进行的）。

（1）IP 地址。TCP/IP 协议网络上的每一个网络适配器都有一个唯一的 IP 地址。IP 地址是一个 32 位的地址，这个地址通常分成 4 段，每 8 个二进制为一段，但是为了方便阅读，通常会将每段都转换为十进制来显示，如大家非常熟悉的 192.168.0.1。

以十进制 127 开头的地址都是环回地址。目的地址是环回地址的消息，其实是由本地发送和接收的，主要是用于测试 TCP/IP 软件是否正常工作。用 ping 功能的时候，一般用的环回地址是 127.0.0.1。

（2） 地址解析协议 ARP。简单来说，ARP 的作用就是把 IP 地址映射为物理地址，而与之相反的 RARP（逆向 ARP）就是将物理地址映射为 IP 地址。

17.1.4 传输层

传输层提供了两种到达目标网络的方式。

1. 传输控制协议（TCP）

TCP 提供了完善的错误控制和流量控制，能够确保数据正常传输，是一个面向连接的协议。主要特点如下。

（1）建立连接通道。

（2）数据大小无限制。

（3）速度慢，但是可靠性高。

2. 用户数据报协议（UDP）

UDP 只提供了基本的错误检测，是一个无连接的协议。主要特点如下。

（1）把数据打包。

（2）数据大小有限制（64 k）。

（3）不建立连接。

（4）速度快，但可靠性低。

由于传输层涉及的东西比较多，如端口、Socket 等，都是做开发需要了解的，后面再具体做介绍，这里就不讲解了。

17.1.5 应用层

应用层作为 TCP/IP 协议的最高层级，对于网络开发者来说，是接触最多的。

1. 运行在 TCP 协议上的协议

（1）HTTP（hypertext transfer protocol，超文本传输协议），主要用于普通浏览。

（2）HTTPS（hypertext transfer protocol over secure socket layer 或 HTTP over SSL，安全超文本传输协议），HTTP 协议的安全版本。

（3）FTP（file transfer protocol，文件传输协议），由名知义，用于文件传输。

（4）POP 3（post office protocol, version 3，邮局协议），收邮件用。

（5）SMTP（simple mail transfer protocol，简单邮件传输协议），用来发送电子邮件。

（6）TELNET（teletype over the network，网络电传），通过一个终端（terminal）登录到网络。

（7）SSH（secure shell，用于替代安全性差的 TELNET），用于加密安全登录使用。

2. 运行在 UDP 协议上的协议

（1）BOOTP（boot protocol，启动协议），应用于无盘系统。

（2）NTP（network time protocol，网络时间协议），用于网络同步。

（3）DHCP（dynamic host configuration protocol，动态主机配置协议），动态配置 IP 地址。

3. 其他

（1）DNS（domain name service，域名服务），用于完成地址查找、邮件转发等工作（运行在 TCP 和 UDP 协议上）。

（2）ECHO（echo protocol，回绕协议），用于查错及测量应答时间（运行在 TCP 和 UDP 协议上）。

（3）SNMP（simple network management protocol，简单网络管理协议），用于网络信息的收集和网络管理。

（4）ARP（address resolution protocol，地址解析协议），用于动态解析以太网硬件的地址。

17.2 Socket 编程

17.2.1 Socket 网络编程简述

Socket 通常也称作“套接字”，用于描述 IP 地址和端口，是一个通信链的句柄，应用程序通常通过“套接字”向网络发出请求或应答网络请求。

Socket 起源于 Unix，而 Unix/Linux 基本哲学之一就是“一切皆文件”，对于文件用打开、读写、关闭模式来操作。Socket 就是该模式的一个实现，Socket 就是一种特殊的文件，一些 Socket 函数就是对其进行的操作（读/写 IO、打开、关闭）。

Socket 和 File 的区别如下。

（1） File 模块是针对某个指定文件进行打开、读写、关闭操作。

（2） Socket 模块是针对 服务器端 和 客户端 Socket 进行打开、读/写、关闭操作。

Socket 的英文原义是“孔”或“插座”。Socket 正如其英文原意那样，像一个多孔插座。一台主机犹如布满各种插座的房间，每个插座有一个编号，有的插座提供 220 V 交流电， 有的提供 110 V 交流电，有的则提供有线电视节目。客户软件将插头插到不同编号的插座，就可以得到不同的服务。

两个程序通过“网络”交互数据就使用 Socket，它只负责建立连接与传递数据两件事。一个完整的 Socket 通信流程大致如图 17-1 所示。

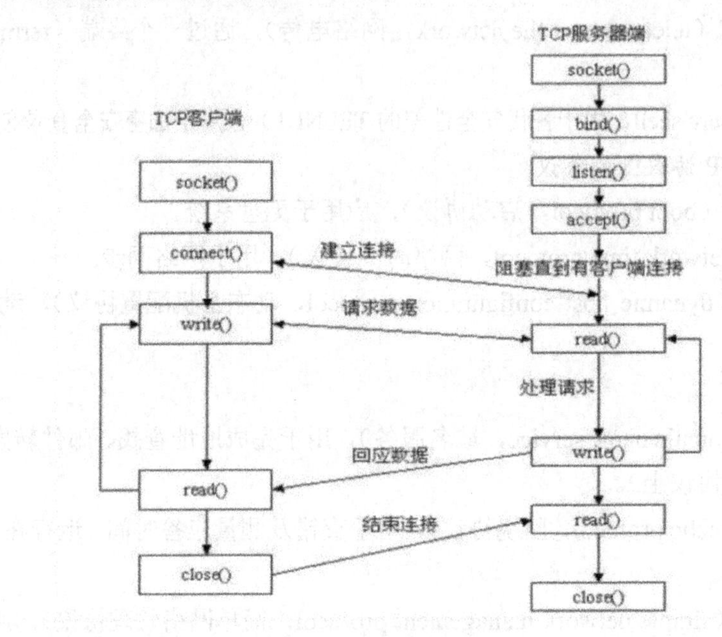

图 17-1　Socket 通信流程

实际上，Socket 服务器和客户端通信的过程有些类似于日常生活中拨打电话的过程，需要有手机、电话卡，然后开机、拨号、建立连接、发送消息直到通话结束，中间也有其他人打进电话的情况出现，这个跟 Socket 客户端连接服务器端，服务器端正在连接客户端时会将新进来的连接放到连接池中处于等待状态一样。下面看一下一个简单的 ECHO 聊天服务器的代码是怎么实现的。

服务器端：

```
# -*- coding:utf-8 -*-
import socket
ADDR=('127.0.0.1',9999)        #定义地址元组
#买手机
s=socket.socket()      #绑定协议，生成套接字
s.bind(ADDR)        #绑定 ip+协议+端口：用来唯一标识一个进程，ADDR 必须是元组格式
s.listen(5)         #定义最大可以挂起链接数
#等待电话
while True:    #用来重复接收新的链接
    conn, addrs = s.accept()        #接收客户端请求，返回 conn (链接)，addrs 客户端(ip,port)
```

```
    conn.sendall(bytes('欢迎进入 ECHO 系统.',encoding='utf-8'))
    #收消息
    while True: #用来基于一个链接重复收发消息
        try: #捕捉客户端异常关闭（ctrl+c）
            recv_data=conn.recv(1024) #收消息，阻塞
            if len(recv_data) == 0:
                break #客户端如果退出，服务端将收到空消息，退出
            recv_str=str(recv_data,encoding='utf8')
            print(addr[0],'say:',recv_str)
            if recv_str=='exit':
                print(addr[0],'退出了')
                break #退出，然后 conn.close()关闭客户端
            #发消息
            send_data=bytes('ECHO:'+recv_str,encoding='utf8')
            conn.send(send_data)        #发送数据
        except Exception:
            print("异常退出")
            break
    #挂电话
    conn.close()
```

客户端：

```
# -*- coding:utf-8 -*-
import socket
ADDR=('127.0.0.1',9999)
#买手机
s=socket.socket()
#拨号
s.connect(ADDR)   #链接服务端，如果服务已经存在一个好的连接，那么挂起
welcom_msg = s.recv(200).decode()#获取服务端欢迎消息
print(welcom_msg)
while True:            #基于 connect 建立的连接来循环发送消息
    send_data=input("Say:").strip()
    if send_data=='exit':
        s.send(bytes(send_data,encoding='utf8'))
```

```
            break
        if len(send_data) == 0:continue
        s.send(bytes(send_data,encoding='utf8'))
        recv_msg=s.recv(1024)
        print(str(recv_msg,encoding='utf8'))
        #挂电话
s.close()
```

运行结果，也分为客户端和服务器端，来看下面的代码。

客户端：

```
欢迎进入 ECHO 系统。
Say:哈哈哈
ECHO:哈哈哈
Say:努力
ECHO:努力
Say:exit
```

服务器端：

```
127.0.0.1 say: 哈哈哈
127.0.0.1 say: 努力
127.0.0.1 say: exit
127.0.0.1   退出了
```

Socket 的实现就像是打电话的过程，接收电话的是 server 端，拨打电话是 client 端，send 和 recv 中的内容就是要发送和接收的东西，那么准备好了要发送的东西，要告诉手机打电话的目标电话，看 server 中的 sock.bind 方法，这里面传了一个元组('ip','port')给 bind 方法，就是把自己的电话开机处于接听状态；而 client 端的 socket_client.connect 方法是告诉自己手机终端，去找哪个号码建立通信。所以这个元组中的 ip 和 port 内容必须一致，是接听和拨打电话双方约定好的。send 的内容无所谓是什么，send 什么，客户端就 recv 什么，因为发送的是什么，接收到的就是什么，它没有权利左右用户发送什么东西。

下面的例子是一个复杂的 Windows 远程 cmd 命令系统，只做了解。

服务器端:

```
# -*- coding:utf-8 -*-
import socket
import subprocess          #导入执行命令模块
ADDR=('127.0.0.1',9999)       #定义元组
#买手机
```

```
s=socket.socket()      #绑定协议，生成套接字
s.bind(ADDR) #绑定 ip+协议+端口：用来唯一标识一个进程，ip_port 必须是元组格式
s.listen(5)           #定义最大可以挂起链接数
#等待电话
while True:   #用来重复接收新的链接
#接收客户端请求，返回 conn（相当于一个特定链接），addrs 是客户端 ip+port
conn, addrs = s.accept()
conn.sendall(bytes('欢迎进入远程 cmd 命令系统.',encoding='utf-8'))
    #收消息
    while True:        #用来基于一个链接重复收发消息
        try:       #捕捉客户端异常关闭（ctrl+c）
            recv_data=conn.recv(1024) #收消息，阻塞
            if len(recv_data) == 0:
                break        #客户端如果退出，服务器端将收到空消息，退出
            print(str(recv_data,encoding='utf8'))
            #执行系统命令，windows 平台命令的标准输出是 gbk 编码，需要转换
            p=subprocess.Popen(str(recv_data,encoding='utf8'),shell=True,
              stdout=subprocess.PIPE)
            res=p.stdout.read()      #获取标准输出(cmd 命令结果)
            print(str(res,encoding='gbk'))
            if len(res) == 0:      #执行错误命令，标准输出为空，
                send_data=b'cmd err'
            else:
                #命令执行 ok,字节 gbk-->str-->字节 utf-8
                send_data=bytes(str(res,encoding='gbk'),encoding='utf8')
            #发消息
            #解决粘包问题
            ready_tag='Size|{}'.format(len(send_data))
            print(ready_tag)
            conn.send(bytes(ready_tag,encoding='utf8'))        #发送数据长度
            feedback=conn.recv(1024)        #接收确认信息
            feedback=str(feedback,encoding='utf8')
            print(feedback)
            if feedback.startswith('Start'):
```

```
            conn.send(send_data)      #发送命令的执行结果
        except Exception:
            print("异常退出")
            break
    #挂电话
    conn.close()
```

客户端：

```
# -*- coding:utf-8 -*-
import socket
ip_port=('127.0.0.1',9999)
#买手机
s=socket.socket()
#拨号
s.connect(ip_port)      #连接服务器端，如果服务已经存在一个好的连接，那么挂起
welcom_msg = s.recv(200).decode()      #获取服务器端欢迎消息
print(welcom_msg)
while True:            #基于 connect 建立的连接来循环发送消息
    send_data=input(">>: ").strip()
    if send_data == 'exit':break
    if len(send_data) == 0:continue
    s.send(bytes(send_data,encoding='utf8'))
        #解决粘包问题
    ready_tag=s.recv(1024)      #收取带数据长度的字节：Size |1688
    ready_tag=str(ready_tag,encoding='utf8')
    print(ready_tag)
    if ready_tag.startswith('Size'):      # Size |1688
        msg_size=int(ready_tag.split('|')[-1])      #获取待接收数据长度
    start_tag='Start'
    s.send(bytes(start_tag,encoding='utf8'))      #发送确认信息
    #基于已经收到的待接收数据长度，循环接收数据
    recv_size=0
    recv_msg=b''
    while recv_size < msg_size:
        recv_data=s.recv(1024)
```

```
        recv_msg+=recv_data
        recv_size+=len(recv_data)
        print('MSG SIZE{} RECE SIZE {}'.format(msg_size,recv_size))
    print(str(recv_msg,encoding='utf8'))
    #挂电话
s.close()
```

17.2.2　Socket 更多功能

1. socket.socket 参数详解

socket.socket 调用格式如下：

```
sk = socket.socket(socket.AF_INET,socket.SOCK_STREAM,0)
```

1）地址簇（参数 1）

socket.AF_INET，IPv4（默认）。

socket.AF_INET6，　IPv6 使用。

socket.AF_UNIX　只能够用于单一的 Unix 系统进程间通信 。

2）类型（参数 2）

socket.SOCK_STREAM，流式 socket，TCP　（默认）。

socket.SOCK_DGRAM，数据包式 socket，用于 UDP 。

socket.SOCK_RAW，原始套接字，普通的套接字无法处理 ICMP、IGMP 等网络报文，而 SOCK_RAW 可以；其次，SOCK_RAW 也可以处理特殊的 IPv4 报文；此外，利用原始套接字，可以通过 IP_HDRINCL 套接字选项由用户构造 IP 头。

socket.SOCK_RDM 是一种可靠的 UDP 形式，可保证交付数据包但不保证顺序。

SOCK_RAM 用来提供对原始协议的低级访问，在需要执行某些特殊操作时使用，如发送 ICMP 报文。SOCK_RAM 通常仅限于高级用户或管理员运行的程序使用。

socket.SOCK_SEQPACKET　是可靠的连续数据包服务。

3）协议 （参数 3）

0（默认）与特定的地址家族相关的协议，如果是 0，则系统就会根据地址格式和套接类别，自动选择一个合适的协议。

2. 常用到 Socket 方法

sk.bind(address)：sk.bind(address) 将套接字绑定到地址。address 地址的格式取决于地址簇。在 AF_INET 下，以元组（host,port）的形式表示地址。

sk.listen(backlog)：开始监听传入连接。backlog 指定在拒绝连接之前，可以挂起的最大连接数量。backlog 等于 5，表示内核已经接到了连接请求，但服务器还没有调用 accept 进行处理的连接个数最大为 5。 这个值不能无限大，因为要在内核中维护连接队列。

sk.setblocking(bool)：是否阻塞（默认 True），如果设置 False，那么 accept 和 recv 时一旦无数据，则报错。

sk.accept()：接收连接并返回（conn, address），其中 conn 是新的套接字对象，可以用来接收和发送数据。address 是连接客户端的地址，接收 TCP 客户的连接（阻塞式），等待连接的到来。

sk.connect(address)：连接到 address 处的套接字。一般地，address 的格式为元组（hostname, port），如果连接出错，返回 socket.error 错误。

sk.connect_ex(address)：同上，只不过会有返回值，连接成功时返回 0 ，连接失败时返回编码，如：10061。

sk.close()：关闭套接字。

sk.recv(bufsize[,flag])：接受套接字的数据。数据以字符串形式返回，bufsize 指定最多可以接收的数量。flag 提供有关消息的其他信息，通常可以忽略。

sk.recvfrom(bufsize[.flag])：与 recv()类似，但返回值是（data,address）。其中 data 是包含接收数据的字符串，address 是发送数据的套接字地址。

sk.send(string[,flag])：将 string 中的数据发送到连接的套接字。返回值是要发送的字节数量，该数量可能小于 string 的字节大小。即可能未将指定内容全部发送。

sk.sendall(string[,flag])：将 string 中的数据发送到连接的套接字，但在返回之前会尝试发送所有数据。成功返回 None，失败则抛出异常。内部通过递归调用 send，将所有内容发送出去。

sk.sendto(string[,flag],address)：将数据发送到套接字，address 是形式为（ipaddr，port）的元组，指定远程地址。返回值是发送的字节数。该函数主要用于 UDP 协议。

sk.settimeout(timeout)：设置套接字操作的超时期，timeout 是一个浮点数，单位是秒。值为 None 表示没有超时期。一般地，超时期应该在刚创建套接字时设置，因为它们可能用于连接的操作（如 client 连接最多等待 5 秒 ）。

sk.getpeername()：返回连接套接字的远程地址。返回值通常是元组（ipaddr,port）。

sk.getsockname()：返回套接字自己的地址。通常是一个元组（ipaddr,port）。

sk.fileno()：套接字的文件描述符。

3. TCP 通信

Socket 通信最常用的就是 TCP 通信，17.2.1 节的两个例子就是 TCP socket 通信的例子。下面再介绍一个上传文件例子（提前在客户端文件夹中准备好 hill.jpg 文件）。

服务器端：

```
# -*- coding:utf-8 -*-
import socket
sk = socket.socket()
```

```
sk.bind(("127.0.0.1",8080))
sk.listen(5)
while True:
    conn,address = sk.accept()
    conn.sendall(bytes("欢迎光临文件传输系统",encoding="utf-8"))
    size = conn.recv(1024)
    size_str = str(size, encoding="utf-8")
    print('文件长度:',size_str)
    file_size = int(size_str)
    conn.sendall(bytes("开始传送", encoding="utf-8"))
    has_size = 0
    f = open("hill_new.jpg","wb")
    while True:
        if file_size == has_size:
            break
        date = conn.recv(1024)
        f.write(date)
        has_size += len(date)
    print('文件接收完毕，收到长度:',has_size)
    f.close()
```

客户端：

```
# -*- coding:utf-8 -*-
import socket
import os

client = socket.socket()
client.connect(("127.0.0.1",8080))
ret_bytes = client.recv(1024)
ret_str = str(ret_bytes,encoding="utf-8")
print(ret_str)
size = os.stat("hill.jpg").st_size
print('待发送文件长度:',size)
client.sendall(bytes(str(size),encoding="utf-8"))
client.recv(1024)
with open("hill.jpg","rb") as f:
```

```
    for line in f:
        client.sendall(line)
print('文件发送完毕。')
```

运行结果，也分为客户端和服务器端。

客户端：

```
欢迎光临文件传输系统
待发送文件长度: 171541
文件发送完毕。
```

服务器端：

```
文件长度: 171541
文件接收完毕，收到长度: 171541
```

运行结束后，Server 端文件夹下多了一个 hill_new.jpg 文件。

4. UDP 通信

UDP 服务器端：

```
import socket
ip_port = ('127.0.0.1',9999)
sk = socket.socket(socket.AF_INET,socket.SOCK_DGRAM,0)
sk.bind(ip_port)

while True:
    data = sk.recv(1024)
    print(data.decode())
```

UDP 客户端：

```
import socket
ip_port = ('127.0.0.1',9999)

sk = socket.socket(socket.AF_INET,socket.SOCK_DGRAM,0)
while True:
    inp = input('数据：').strip()
    if inp == 'exit':
        break
    sk.sendto(inp.encode(),ip_port)
sk.close()
```

17.2.3 SocketServer 模块

1. SocketServer

SocketServer 内部使用输入/输出多路复用及“多线程”和“多进程”，从而实现并发处理多个客户端请求的 Socket 服务器端。即每个客户端请求连接到服务器时，Socket 服务器端都会在服务器创建一个“线程”或“进程”，专门负责处理当前客户端的所有请求。

2. ThreadingTCPServer

ThreadingTCPServer 实现的 Socket 服务器内部会为每个 client 创建一个“线程”，该线程用来和客户端进行交互。

使用 ThreadingTCPServer 创建一个继承自 SocketServer.BaseRequestHandler 的类，类中必须定义一个名称为 handle 的方法，启动 ThreadingTCPServer。

服务器端：

```
import   socketserver
class Myserver(socketserver.BaseRequestHandler):
    def handle(self):
        conn = self.request
        conn.sendall(bytes("你好，我是 Echo 机器人",encoding="utf-8"))
        while True:
            ret_bytes = conn.recv(1024)
            ret_str = str( ret_bytes, encoding="utf-8")
            if ret_str == "q":
                break
            conn.sendall(bytes("Echo:"+ret_str,encoding="utf-8"))

if __name__ == "__main__":
    server = socketserver.ThreadingTCPServer(("127.0.0.1",8080),Myserver)
    server.serve_forever()
```

客户端：

```
import socket
client = socket.socket()
client.connect(("127.0.0.1",8080))
ret_bytes = client.recv(1024)
ret_str = str(ret_bytes,encoding="utf-8")
print(ret_str)
while True:
    inp = input(">>>")
    if inp == "q":
        client.sendall(bytes(inp,encoding="utf-8"))
```

```
            break
        else:
            client.sendall(bytes(inp, encoding="utf-8"))
            ret_bytes = client.recv(1024)
            ret_str = str(ret_bytes,encoding="utf-8")
            print(ret_str)
```

内部调用流程如下。

按顺序启动服务器端程序。

（1）执行 TCPServer.__init__ 方法，创建服务器端 Socket 对象并绑定 IP 和端口。

（2）执行 BaseServer.__init__ 方法，将自定义的继承自 SocketServer.BaseRequestHandler 的类 MyRequestHandle 给 self.RequestHandlerClass。

（3）执行 BaseServer.server_forever 方法，While 循环一直监听是否有客户端请求到达。

（4）当客户端连接到达服务器，执行 ThreadingMixIn.process_request 方法，创建一个"线程"用来处理请求。

（5）执行 ThreadingMixIn.process_request_thread 方法。

（6）执行 BaseServer.finish_request 方法，执行 self.RequestHandlerClass() 即执行自定义 MyRequestHandler 的构造方法（自动调用基类 BaseRequestHandler 的构造方法，在该构造方法中又会调用 MyRequestHandler 的 handle 方法）。

以下提供了 SocketServer 源码（精简版）：

```
import socket
import threading
import select
def process(request, client_address):
  print request,client_address
  conn = request
  conn.sendall('欢迎致电 10086，请输入 1xxx，0 转人工服务.')
  flag = True
  while flag:
    data = conn.recv(1024)
    if data == 'exit':
      flag = False
    elif data == '0':
      conn.sendall('通过可能会被录音，等等，一大堆')
    else:
```

```
        conn.sendall('请重新输入.')
sk = socket.socket(socket.AF_INET, socket.SOCK_STREAM)
sk.bind(('127.0.0.1',8002))
sk.listen(5)
while True:
  r, w, e = select.select([sk,],[],[],1)
  print 'looping'
  if sk in r:
    print('get request')
    request, client_address = sk.accept()
    t = threading.Thread(target=process, args=(request, client_address))
    t.daemon = False
    t.start()
sk.close()
```

从以上代码可以看出，SocketServer 的 ThreadingTCPServer 之所以可以同时处理请求得益于 select 和 Threading 两个东西，其实本质上就是在服务器端为每一个客户端创建一个线程，当前线程用来处理对应客户端的请求，所以，可以支持同时 *n* 个客户端连接（长连接）。

3. ForkingTCPServer

ForkingTCPServer 和 ThreadingTCPServer 的使用和执行流程基本一致，只不过在内部分别为请求者建立“线程” 和“进程”。

ForkingTCPServer 只是将 ThreadingTCPServer 实例中的代码：

```
server = SocketServer.ThreadingTCPServer(('127.0.0.1',8009),MyRequestHandler)
```

变更为：

```
server = SocketServer.ForkingTCPServer(('127.0.0.1',8009),MyRequestHandler)
```

SocketServer 的 ThreadingTCPServer 之所以可以同时处理请求得益于 select 和 os.fork，其实本质上就是在服务器端为每一个客户端创建一个进程，当前新创建的进程用来处理对应客户端的请求，所以，可以支持同时 *n* 个客户端链接（长连接）。

17.2.4　三方模块（库）简介

Python 内置库的 socket 和 SocketServer 模块功能与性能都比较弱，现实的项目中往往使用第三方的 socket 库模块。常见的有 tornado, asycio 等，下面简单叙述一下 asycio。

asycio 是异步的 socket 模块，在 Linux 下使用 uvloop 的话，速度可以和任何语言的 socket 相比，性能和 go 语言相近。

下面是使用 asycio 的一个简单例子。

服务器端:

```
# -*- coding:utf-8 -*-
import asyncio
import sys
@asyncio.coroutine
def client_handler(client_reader, client_writer):
    # Runs for each client connected
    # client_reader is a StreamReader object
    # client_writer is a StreamWriter object
    print("Connection received!")
    while True:
        msgbs = yield from client_reader.read(20)
        msg= msgbs.decode()
        print(msg)
        client_writer.write (msg.encode() )
        client_writer.drain()
        if msg == 'over':
            client_writer.close()
            break
if __name__ == '__main__':
  if sys.platform == 'win32':
      pass
  else: #for Linux
      import uvloop
      asyncio.set_event_loop_policy(uvloop.EventLoopPolicy())
  loop = asyncio.get_event_loop()
  coro = asyncio.start_server(client_handler, 'localhost', 2222, loop=loop)
  server = loop.run_until_complete(coro)
  for socket in server.sockets:
      print("Serving on {}. Hit CTRL-C to stop.".format(socket.getsockname()))
  try:
      loop.run_forever()
  finally:
      loop.close()
```

以上服务器端的代码，在创建完一个叫 loop 的事件循环之后，代码会调用

asyncio.start_server 协程来开启一个 socket 服务器，绑定到指定的主机和端口号，之后调用 loop.run_until_complete 来运行这个 server 协程。对每一个客户端连接执行作为参数传入的回调函数——client_handler。在这个例子中，client_handler 是另一个协程，并且不会被自动地转换为一个 Task。除了协程（coroutine）之外，可以指定一个普通的回调函数。

客户端:

```
# -*- coding:utf-8 -*-
import asyncio

@asyncio.coroutine
def simple_client():
    # Open a connection and write a few lines by using the StreamWriter object
    reader, writer = yield from asyncio.open_connection('localhost', 2222)
    # reader is a StreamReader object
    # writer is a StreamWriter object
    while True:
        datas = input("Enter your input(over is end): ")

        size = len(datas.encode())
        writer.write((datas).encode()) #+'\n'
        msgbs = yield from reader.read(size)
        msg= msgbs.decode()
        print(msg)
        if msg == 'over':
            writer.close()
            break
loop = asyncio.get_event_loop()
loop.run_until_complete(simple_client())
```

以上客户端的代码首先定义了一个协程函数 simple_client，该函数调用 asyncio.open_connection 返回读写流 reader 和 writer，进行读写和数据处理。然后创建完一个叫 loop 的事件循环，最后代码会调用 loop.run_until_complete 来运行这个 simple_ client 协程。

习　题

简答题

1. 常见的 Python 的 socket 编程有几种？请用其中一种编写一个简单的多人聊天室。
2. 用 Python 的 socket 实现文件上传下载功能的小系统（简单的 ftp）。

第18章 Web框架

学习目标

（1）了解 Python Web 常用框架。

（2）理解 Django 框架。

（3）理解 Flask 框架。

（4）理解 Tornado 框架。

（5）理解 Sanic 框架。

（6）掌握一种 Python Web 框架。

18.1 Python Web 框架简介

说到 Web 框架，Ruby 的世界 Rails 一统江湖，而 Python 则是一个百花齐放的世界，各种微框架、框架不可胜数。也正是因为 Python Web 开发框架太多，所以在 Python 社区总有关于 Python 框架孰优孰劣的话题，讨论的时间跨度甚至长达几年。本书认为，这些框架大部分各有所长，可以根据自己的喜好选择。

Python 这么多框架，能全部用遍的人不多，下面简单介绍常用的几个，即 Django、Flask、Tornado 和 Sanic。

18.2 Django

1. Django 简介

Python 框架虽然说是百花齐放，但仍然有那么一家是最大的，它就是 Django。要说 Django 是 Python 框架里最好的，有人同意也有人坚决反对，但说 Django 的文档最完善、市场占有率最高、招聘职位最多，估计大家都没什么意见。Django 优点主要包括：完美的文档、全套的解决方案（Django 像 Rails 一样，提供全套的解决方案，如 cache、session、feed、orm、geo、auth，开发网站的工具 Django 基本都具备）；强大的 URL 路由配置；自助管理后台，admin interface 是 Django 里比较吸引眼球的一项贡献，让用户几乎不用写一行代码就拥有一个完整的后台管理界面等。

总的来说，Django 大包大揽，用它来快速开发一些 Web 应用是很不错的。如果顺着 Django 的设计哲学来，越用越顺手。

2. Django 简单使用

使用 pip 安装 Django：

```
pip install django
```

Django 安装好之后，会附带一个命令行工具 django-admin，可以帮助编程者管理 Django 项目。使用下面的命令创建一个新的 Django 项目模板。项目模板会创建 django_sample 文件夹，项目文件就在其中。另外需要注意，项目文件夹最好是个性化一点的，不要和 django、sys 这样的第三方库或 Python 系统库重名。

```
django-admin startproject hello_django
```

创建好项目之后，进入项目文件夹中。用下面的命令就可以运行 Django 项目了。默认情况下，可以通过 http://127.0.0.1:8000/来访问正在运行的项目。由于没有任何页面，所以会显示图 18-1 所示的调试窗口。

```
python manage.py runserver
```

The install worked successfully! Congratulations!

You are seeing this page because DEBUG=True is in your settings file and you have not configured any URLs.

图 18-1 Django 调试窗口

3. 创建 app

在 Django 项目中，app 表示更小的一个功能单位，如在一个博客管理系统中，对博客的增、删、改、查等功能就应该聚合在一个 app 中。进入项目文件夹中，用 startapp 命令创建 app。

```
cd .\hello_django\
django-admin startapp hello12
```

这时候项目文件夹结构如图 18-2 所示。

4. 编写业务逻辑

新建成功工程后 views.py 文件里是空的，需要自己编写业务逻辑。

```
from django.shortcuts import HttpResponse        #导入 HttpResponse 模块
def index(request):        #request 是必须带的实例。类似 class 下方法必须带 self 一样
    return HttpResponse("Hello World!!")        #通过 HttpResponse 模块直接返回字符串到前端页面
```

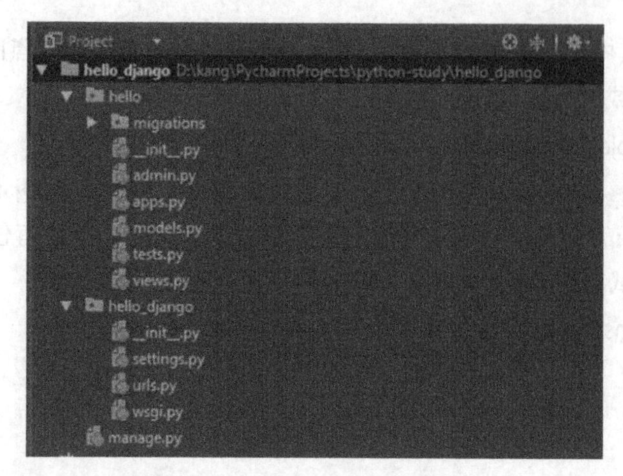

图 18-2　Django 项目文件夹结构

5. 配置 url 路由

```
from laomomo import views        #导入 views 模块
from django.conf.urls import url
urlpatterns=[
    url(r'^index/',views.index)      #配置当访问 index/时去调用 views 下的 index 方法
]
```

6. 运行 server 并访问

terminal 下执行 python manage.py runserver 127.0.0.1:8888。127.0.0.1: 8888 表示默认的路径。如：python manage.py runserver 127.0.0.1:8888。然后浏览器访问 http://127.0.0.1:8888，会显示“Hello World!!”

这里的“Hello World!!”就是通过 views.py 文件下 index 方法使用 HttpResponse 返回到前端的。

这个例子比较简单，如果要显示一些数据怎么处理呢？此时就需要写 html 文件来承载。

7. 修改 views.py 里的 index 方法

```
from django.shortcuts import render        #导入 render 模块
#先定义一个数据列表，当然后面熟了可以从数据库里取出来
list = [{"name":'good','password':'python'},{'name':'learning','password':'django'}]
def index(request):
    return render(request,'index.html',{'form':list})        #通过 render 模块把 index.-html 这个文件返回到前端，并且返回给了前端一个变量 form，在写 html 时可以调用这个 form 来展示 list 里的内容
```

8. 编辑 HTML 文件

新建工程成功后，templates 文件夹下是空的，需要在该文件夹下新建一个.html 文件来把

内容展示到前端。

```
<!DOCTYPE html>
<html lang="en">
    <head>
        <meta charset="UTF-8">
        <title>test</title>
    </head>
    <body>
    <table border="1">
        <thead>
        <tr>
            <td>用户名</td>
            <td>密码</td>
        </tr>
        </thead>
        {%for line in form%}
            <tr>
                <td>{{line.name}}</td>
                    <td>{{line.password}}</td>
            </tr>
        {% endfor %}
    </table>
    </body>
</html>
```

html 里要写 if 或 for 等语句时用{%%}，调用变量时用{{}}括号，重新运行下 server，访问浏览器应该会以表格的形式展示 list 里的数据。

18.3　Sanic

1. Sanic 简介

Sanic 是一个类 Flask 的基于 Python 3.5+的 Web 框架，它编写的代码速度特别快。除了像 Flask 以外，Sanic 还支持以异步请求的方式处理请求。这意味着可以使用新的 async/await 语法，即可以使用 asyncio，编写非阻塞的快速的代码。

2. uvloop

Sanic 的开发者说他们的灵感来自这篇文章：uvloop: Blazing fast Python networking（https://magic.io/blog/uvloop-blazing-fast-python-networking/）。

uvloop 是 asyncio 默认事件循环的替代品，实现的功能完整，即插即用，uvloop 是用 CPython 写的，建于 libuv 之上，uvloop 可以使 asyncio 更快。

事实上，它至少比 nodejs、gevent 和其他 Python 异步框架要快两倍。基于 uvloop 的 asyncio 的速度几乎接近了 Go 程序的速度。

3. 安装 Sanic

```
pip install sanic
```

4. 简单应用

```
from sanic import Sanic
from sanic.response import json

app = Sanic()
@app.route("/")
async def test(request):
    return json({"hello": "world"})
if __name__ == "__main__":
    app.run(host="127.0.0.1", port=8080)
```

将以上内容保存到 main.py 文件，运行 main.py 文件，打开浏览器，在地址栏输入：http://127.0.0.1:8080，可以看到网页显示 {"hello": "world"}信息。更详细的用法请看 Sanic 中文文档：https://sanic-cn.readthedocs.io/zh/latest/index.html。

18.4 Tornado

18.4.1 Tornado 简介

Tornado 是一个 Python Web 框架和异步网络库，最初由 FriendFeed 开发。通过使用非阻塞网络 I/O（输入/输出），Tornado 可以扩展到成千上万的开放连接，使其非常适合长时间轮询， WebSocket 和其他需要与每个用户建立长期连接的应用程序。即 Tornado 专为构建异步网络应用程序而设计，非常适合创建同时打开大量网络连接并使其保持活动状态的服务，也就是涉及 WebSocket 或长轮询的任何内容。Tornado 得益于非阻塞式和对 epoll 模型的运用，因此 Tornado 是实时 Web 服务的一个理想框架。

Tornado 与标准库集成 asyncio 模块和共享相同的事件循环（默认情况下，从 Tornado 5.0 开始）。通常，设计用于 asyncio 可以与 Tornado 自由混合。asyncio 在本书 socket 通信那一章中介绍过，是 Python 最快的异步通信模块。

1. Tornado 的特点

（1）轻量级 Web 框架。

（2）异步非阻塞 I/ O 处理方式。

（3）出色的抗负载能力。

（4）不依赖多进程或多线程。

（5）WSGI 全栈替代产品。

（6）WSGI 把应用（application）和服务器（Server）结合起来，Tornado 既可以是 WSGI 应用也可以是 WSGI 服务。

（7）既是 WebServer 也是 WebFramework。

2. Tornado 的结构

（1）Web 框架。主要包括 RequestHandler，用于创建 Web 应用程序和各种支持类的子类。

（2）HTTP 服务器与客户端。主要包括 HTTPServer 和 AsyncHTTPClient。

（3）异步网络库。主要包括 IOLoop 和 IOStream，作为 HTTP 组件的构建块。

（4）协程库 Tornado 的 Web 框架和 HTTP 服务器一起提供了完整的堆栈替代方案 WSGI。

3. Tornado 服务器的三个底层核心模块

（1）httpserver 服务于 Web 模块的一个简单的 HTTP 服务器的实现。Tornado 的 HTTPConnection 类用来处理 HTTP 请求，包括读取 HTTP 请求，读取 POST 传递的数据，调用用户自定义的处理方法，以及把响应数据写给客户端的 socket。

（2）IOStream 对非阻塞式的 socket 的封装以便于常见读写操作。为了在处理请求时实现对 socket 的异步读写，Tornado 实现了 IOStream 类用来处理 socket 的异步读写。

（3）IOLoop 核心的 I/O 循环。Tornado 为了实现高并发和高性能，使用了一个 IOLoop 事件循环来处理 socket 的读写事件，IOLoop 事件循环是基于 Linux 的 epoll 模型，可以高效地响应网络事件，这是 Tornado 高效的基础保证。具体来说，在 Linux 下，底层对一个耗时操作（如网络访问）的处理流程为：发起访问，将网络连接的文件描述符和期待事件注册到 epoll 里，当期待事件发生，epoll 触发事件处理机制，通过回调函数，通知 Tornado，Tornado 切换协程。这种 epoll 事件触发的处理机制比 select 和 polling 都高效多了，因此 epoll 效率是最高的。在 Windows 下也有类似 epoll 的机制，即 IOCP，只是用的还是比较少。

4. Tornado 的模块

（1）网络框架。

- tornado.web- RequestHandler 和 Application 类。
- tornado.template——灵活的输出模板。
- tornado.routing——基本路由实现。
- tornado.escape ——转义和字符串操作。
- tornado.locale——国际化支持。
- tornado.websocket——与浏览器的双向通信（websocket 通信）。

（2）HTTP 服务器和客户端。

- tornado.httpserver ——非阻塞 HTTP 服务器。

•tornado.httpclient——异步 HTTP 客户端。

•tornado.httputil ——处理 HTTP 标头和 URL。

•tornado.http1connection——HTTP / 1.x 客户端/服务器实现。

（3）异步联网。

•tornado.ioloop——主事件循环。

•tornado.iostream ——方便打包的无阻塞 socket。

•tornado.netutil ——网络实用工具。

•tornado.tcpclient—— IOStream 连接工厂。

•tornado.tcpserver——基于 IOStream 的基本 TCP 服务器。

（4）协程和并发。

•tornado.gen——基于生成器的协程。

•tornado.locks ——同步锁机制。

•tornado.queues ——协程队列。

•tornado.process ——多进程实用程序。

（5）与其他服务整合。

•tornado.auth ——使用 OpenID 和 OAuth 进行第三方登录。

•tornado.wsgi——与其他 Python 框架和服务器的互操作性。

•tornado.platform.caresresolver——使用 C-Ares 的异步 DNS 解析器。

•tornado.platform.twisted——twisted 和 Tornado 之间的桥梁。

•tornado.platform.asyncio—— asyncio 与 Tornado 之间的桥梁。

（6）实用工具。

•tornado.autoreload ——自动检测开发中的代码更改。

•tornado.concurrent——处理 Future 对象。

•tornado.log ——日志支持。

•tornado.options ——命令行解析。

•tornado.testing ——对异步代码的单元测试支持。

•tornado.util——通用工具。

5. Tornado 框架的设计模型

Tornado 框架的设计模型可分为以下 4 层。

（1）Web 框架。最上层，包括处理器、模板、数据库连接、认证、本地化等 Web 框架所需功能。

（2）HTTP/HTTPS 层。基于 HTTP 协议实现了 HTTP 服务器和客户端。

（3）TCP 层。实现 TCP 服务器负责数据传输。

（4）Event 层。最底层、处理 I/ O 事件。

18.4.2　Tornado 简单使用

安装 Tornado：

```
pip install tornado
```

简单的 Tornado 应用：

```
import tornado.ioloop
import tornado.web
class MainHandler(tornado.web.RequestHandler):
  def get(self):
    self.write("Hello, world")
application = tornado.web.Application([ (r"/index", MainHandler), ])
if __name__ == "__main__":
  application.listen(8888)
  tornado.ioloop.IOLoop.instance().start()
```

以上代码顺序实现了以下功能。

（1）执行脚本，监听 8888 端口。

（2）浏览器客户端访问 /index | http://127.0.0.1:8888/index。

（3）服务器接受请求，并交由对应的类处理该请求。

（4）类接受到请求之后，根据请求方式（post / get / delete ...）的不同调用并执行相应的方法，方法返回值的字符串内容发送浏览器。

18.4.3　模板

Tornado 中的模板语言和 Django 中类似，模板引擎将模板文件载入内存，然后将数据嵌入其中，最终获取到一个完整的字符串，再将字符串返回给请求者。

Tornado 的模板支持“控制语句”和“表达语句”，控制语句是使用 {% 和 %} 包起来的，如 {% if len(items) > 2 %}。表达语句是使用 {{ 和 }} 包起来的，如 {{ items[0] }}。

控制语句和对应的 Python 语句的格式基本完全相同。支持 if、for、while 和 try，这些语句逻辑结束的位置需要用 {% end %} 做标记。还通过 extends 和 block 语句实现了模板继承。这些在 template_模块的代码文档中有详细的描述。

模板 index.html 代码：

```
{% extends 'layout.html'%}
{% block CSS %}
    <link href="{{static_url("css/index.css")}}" rel="stylesheet" />
{% end %}


{% block RenderBody %}
```

```
    <h1>Index</h1>
    <ul>
    {%  for item in li %}
        <li>{{item}}</li>
    {% end %}
    </ul>
{% end %}
{% block JavaScript %}
{% end %}
```

调用模板的代码：

```
import tornado.ioloop
import tornado.web

class MainHandler(tornado.web.RequestHandler):
    def get(self):
        self.render('home/index.html')

settings = {
    'template_path': 'template',
}
  application = tornado.web.Application([
    (r"/index", MainHandler),
], **settings)

if __name__ == "__main__":
    application.listen(80)
    tornado.ioloop.IOLoop.instance().start()
```

18.5 Flask

18.5.1 Flask 介绍

Flask 是一个基于 Python 开发并且依赖 Jinja 2 模板和 Werkzeug WSGI 服务的一个微型框架。

微型框架不代表 Flask 的整个 Web 应用可以用一个 Python 文件处理，也不意味着 Flask 仅能应用于中小型应用系统的开发。微型框架中的“微”意味着 Flask 旨在保持核心简单而易于扩展。Flask 不会为开发人员制定过多约束，如用户登录状态记录，开发人员可以使用传统的 session 与 cookie，同时也可以选择 Flask 已经封装好的 Flask-login 接口。这些接口只需要引入，没有太多约束，同时，不使用它们也不会有任何影响。并且 Flask 所选择的固有约束，如 Flask 默认使用的模板引擎 Jinja2，则很容易兼容、替换。除此之外的内容可由开发人员掌握。

在通常情况下，Flask 不支持数据库抽象层及表单验证等 Python 已存在的处理程序。在 Flask 中只需要对其进行引入，便可同样使用。另外，Flask 对于某些已存在的处理流程，针对 Flask 的特点，进行了封装重构，使其更加适合 Flask 的开发。

18.5.2　Flask 简单使用

安装 Flask：

```
pip install flask
```

简单的 flask 应用。下面代码所在的文件名为 hello.py。

```
from flask import Flask
app = Flask(__name__)


@app.route('/')
def hello_world():
    return 'Hello World!'
if __name__ == '__main__':
    app.run()
```

以上代码引入了 Flask 类，Flask 类实现了一个 WSGI 应用。app 是 Flask 的实例，它将接收包或模块的名字作为参数，但一般都是传递__name__。app.route 装饰器会将 URL 和执行视图函数的关系保存到 app.url_map 属性上。内置变量__name__判断表示 import 该模块不会执行（__name__执行该程序时候为__main__，import 时候为模块文件名），执行 app.run 就可以启动服务了，默认 Flask 只监听虚拟机的本地 127.0.0.1 这个地址，端口为 5000。

18.5.3　Flask url 路由

route()装饰器把一个视图函数绑定到一个 url 上，也可以构造动态的 url 或一个路由器上面绑定多个 url。

在给 url 绑定动态变量时，动态的字段以<variable_name>，这部分作为命名参数部分传递到函数。规则可以用 <converter:variable_name> 指定一个可选的转换器。

```
app.route('app/<username>')
def show_user_info(username):
    return "User %s" % username #User 对象
app.route('app/<int:userid>'):
    return "User %s" % userid
```

转换器有下面几种：int 接受整数；float 同 int，但是接受浮点数；path 和默认的相似，但是接受斜线。

习　题

简答题

1. 常见的 Python Web 有哪些？
2. 请用一种 Python Web 编写一个简单的学生成绩管理系统。

第 19 章　Sanic Web 开发实例

学习目标

（1）掌握 Sanic 框架。

（2）掌握 Peewee 数据库框架。

（3）掌握 Jinjia 2 框架。

（4）掌握基于 Sanic 的 web 网站开发技术。

19.1　Web 实例简介

本实例介绍了一个新闻资讯后台管理程序，Web 框架使用 Sanic，数据库映射使用 Peewee，Web 界面渲染使用 JinJa 2。

在学习本实例之前，首先要安装下列三方库：

```
pip install sanic
pip install peewee
pip install jinja2
pip install sanic-auth
```

19.2　Sanic 入门

第 18 章简单介绍了 Sanic 的概况，本章进一步介绍 Sanic 的使用。

19.2.1　Sanic 的 request

1. 属性

（1）request.files (dictionary of File objects) ——上传文件列表。

（2）request.json (any) ——json 数据。

（3）request.args (dict)——get 数据。

（4）request.form (dict)——post 表单数据。

【例 19-1】request 的属性。

```
from sanic import Sanic
from sanic.response import json
#json
@app.route("/json")
def post_json(request):
    return json({ "received": True, "message": request.json })
@app.route("/form")
def post_json(request):
```

```
    return json({ "received": True, "form_data": request.form, "test": request.form.get('test') })
@app.route("/files")
def post_json(request):
    test_file = request.files.get('test')
    file_parameters = {
        'body': test_file.body,
        'name': test_file.name,
        'type': test_file.type,
    }
    return json({ "received": True, "file_names": request.files.keys(), "test_file_parameters": file_parameters })
@app.route("/query_string")
def query_string(request):
    return json({ "parsed": True, "args": request.args, "url": request.url, "query_string": request.query_string })
```

2. 路由

Sanic 的路由以@app.route()装饰符指明路由，路由参数含义见下面的例子。路由处理函数加上异步关键字 async，表示路由函数处理都是异步的，处理函数第一个参数必须是 request，代表请求对象，其他参数为路由的可变参数，函数的可变参数与路由字符串的对应关系可见例 19-2。

【例 19-2】Sanic 的路由。

```
from sanic import Sanic
from sanic.response import text
@app.route('/tag/<tag>')
async def person_handler(request, tag):
    return text('Tag - {}'.format(tag))
@app.route('/number/<integer_arg:int>')
async def person_handler(request, integer_arg):
    return text('Integer - {}'.format(integer_arg))
@app.route('/number/<number_arg:number>')
async def person_handler(request, number_arg):
    return text('Number - {}'.format(number))
@app.route('/person/<name:[A-z]>')
async def person_handler(request, name):
```

```
    return text('Person - {}'.format(name))
@app.route('/folder/<folder_id:[A-z0-9]{0,4}>')
async def folder_handler(request, folder_id):
    return text('Folder - {}'.format(folder_id))
```

19.2.2　Sanic 的 response

在 response 之中，较多的都是以 json 格式，也可以是很多其他的格式，如 text、html、file、streaming 等。下面的例子演示了 json 格式。

【例 19-3】返回 json 格式。

```
from sanic import response
@app.route('/json')
def handle_request(request):
return response.json({'message': 'Hello world!'})
```

此外，用 file 格式可以返回文件，下面的例子是根据路由参数中的 png 文件名传回的一张图片。

【例 19-4】传回一张图片。

```
from sanic import response
@app.route('/png/<png_file>')
async def handle_request(request, png_file):
    return await response.file('static/images/ '+ png_file)
```

还可以用 redirect 重定向到别的路由。

【例 19-5】重定向到别的路由。

```
from sanic import response
@app.route('/redirect')
async def handle_request(request):
    return response.redirect('/json')
```

19.2.3　Sanic 的蓝本（blueprint）

关于蓝本（blueprint）的概念，可以这么理解，一个蓝本可以独立完成某一个任务，包括模板文件、静态文件、路由都可以是独立的，而一个应用可以通过注册许多蓝本来进行构建。

如后面实例中的 manage.py 中的代码：

```
from admin.admin import admin
app.blueprint(admin, url_prefix='admin')        #注册蓝本
```

第一行代码导入子文件夹中的蓝本代码，第二行在 app 中注册了该蓝本。

蓝本中的路由也是独立的，如下面在 admin.py 中的代码，创建了蓝本 admin，路由前缀就变成了 admin，而且如/login 路由，在 web 地址的访问路径也变成了/admin/login。

```
admin = Blueprint('admin')
#登录
@admin.route('/login',methods=['GET', 'POST'])
```

19.2.4 Sanic 的授权（sanic auth）

sanic_auth 这个模块需要安装：

```
pip install sanic-auth
```

要是结合蓝图使用，要下载该模块中的 core.py，具体代码的使用见 admin.py 中。core.py 可以到相应的 GitHub 下载，例子中详细介绍了蓝图中如何使用 sanic auth，下载地址为：https://github.com/pyx/sanic-auth/tree/master/examples/blueprint。

19.3 Peewee 入门

Peewee 是一个简单小巧的 Python ORM（对象关系映射），它非常容易学习，并且使用起来很直观。

19.3.1 创建 Model

先定义 Model，然后通过 Model.create_table()或 db.create_tables()创建表。例如，需要建一个 User 表，里面有 name、birthday 和 sex 3 个字段， Model 的定义如下。

【例 19-6】定义 Peewee 的 Model。

```
from peewee import *
#连接数据库
db = MySQLDatabase('test', user='root', host='localhost', port=3306)
#定义 User
class User(Model):
    name = CharField()
    birthday = DateField()
    sex = BooleanField()

    class Meta:
        database = db
```

然后，就可以通过 Model.create_table()或 db.create_tables()创建表了。

```
#创建表
Person.create_table()
#也可以这样创建多个表:
# database.create_tables([Person])
```

后面的实例中 models.py 的代码就是 Peewee 中表和对象映射的具体的定义，具体的数据库的操作在 admin.py 的代码中。

19.3.2　操作数据库

操作数据库，就是对数据库表进行增、删、改、查。

1. 增

直接创建示例，然后使用 save()就添加了一条新数据。

```
#添加一条数据
user = User(name=陈福明', birthday=date(1973, 1, 1), sex=True)
user.save()
```

或者用 Model.create 创建。

```
#添加一条数据
user = User.create (name=陈福明', birthday=date(1973, 1, 1), sex=True)
```

2. 删

使用 delete().where().execute()进行删除，where()是条件，execute()负责执行语句。若是已经查询出来的实例，则直接使用 delete_instance()删除。

```
#删除姓名为张三的数据
User.delete().where(User.name == '张三').execute()
#已经实例化的数据，使用 delete_instance
user = User (name='张三', birthday=date(1990, 1, 1), sex=False)
user.id = 1
user.save()
user.delete_instance()
```

3. 改

如果已经添加过数据的实例或查询到的数据实例，并且表拥有 primary key 时，使用 save()就是修改数据；如果没有实例，则使用 update().where().execute()进行更新数据。

```
#已经实例化的数据,指定了 id 这个 primary key,则此时保存就是更新数据
p = User (name='陈福明', birthday=date(1973, 1, 1), sex=False)
p.id = 1
p.save()

# update 更新 birthday 数据
q = User.update({User.birthday: date(1973, 1,1)}).where(User.name == '陈福明') .execute()
```

4. 查

单条数据使用 User.get()就行了，也可以使用 User.select().where().get()。若是查询多条数据，则使用 User.select().where()，去掉 get()就行了。语法很直观，select()就是查询，where()

是条件，get()是获取第一条数据。

```
#查询单条数据
p = User.get(User.name == '陈福明')
print(p.name, p.birthday, p.sex)

#使用 where().get()查询
p = User.select().where(User.name == '陈福明').get()
print(p.name, p.birthday, p.is_relative)

#查询多条数据
users= User.select().where(User.sex == True)
for p in users:
    print(p.name, p.birthday, p. sex)
```

19.4 Jinja 2 的 Web 界面渲染

19.4.1 界面渲染 Python 代码

编写 web 服务，自然会涉及 HTML。sanic 自带有 html()函数，但一般不能满足大部分的需求，故引入 Jinja2 迫在眉睫，使用方法也很简单，在 admin.py 中也有具体的使用代码。

【例 19-7-1】Jinja 2 界面渲染代码。

```
from sanic import Blueprint
from jinja2 import Environment, PackageLoader, select_autoescape
admin = Blueprint('admin')
env = Environment(
    loader=PackageLoader('admin', '../templates'),
    autoescape=select_autoescape(['html', 'xml', 'tpl']))
#网页渲染
def template(tpl, **kwargs):
    templater = env.get_template(tpl)
    return html(templater.render(kwargs))
@admin.route('/test')
async def test(request):
    print('/admin/test')
    return template('test.html',title="测试 jinja2 ")
```

19.4.2　界面渲染的 html 代码

test.html 一般放在 templates 文件夹下，该文件夹下一般有很多 html 模板文件。

【例 19-7-2】Jinja 2 界面模板文件内容。

```
<!DOCTYPE html>
<html>
<head>
    <meta charset="utf-8">
    <title>{{ title }}</title>
</head>
<body>
    <div class=" bg">
            {{ title }}
    </div>
</body>
</html>
```

19.5　实例代码及其简单注释

本章实例代码可以从 www.pythonlearning.com/网站中的 Python 教材导航中寻找下载。

19.5.1　文件夹结构

实例文件夹结构如图 19-1 所示，文件夹中 core.py 是 sanic auth 库用于蓝图专门提取出来的文件，见 sanic auth 的 GitHub 代码。model 文件夹中有 models.py 文件。Admin 文件夹中有 admin.py 文件。

Data (D:) › 2018-2019 › 2019秋 › Python › Web实例

名称	修改日期	类型	大小
admin	2019/8/27 14:20	文件夹	
model	2019/8/27 14:24	文件夹	
static	2019/8/27 14:34	文件夹	
templates	2019/8/27 14:19	文件夹	
config.py	2019/8/27 14:23	Python File	1 KB
core.py	2019/4/27 15:44	Python File	1 KB
manager.py	2019/8/27 15:00	Python File	1 KB

图 19-1　实例文件夹结构

19.5.2 manage.py

```
from sanic import Sanic,response
from sanic.response import *

from admin.admin import admin

app = Sanic(__name__)

from core import auth
app.config.AUTH_LOGIN_ENDPOINT = 'admin.login'    #配置默认授权登录点
auth.setup(app)

app.blueprint(admin, url_prefix='admin') #注册蓝本

app.static('/static', './static') # /static
app.static('/favicon.ico', './static/b.png') # /favicon.ico  网站 logo

#session
session = {}
#存入 session
@app.middleware('request')     #任何'request'都必须执行
async def add_session(request):
    request['session'] = session

#根重定向
@app.route('/')
async def home(request):
    print(request['session'])
    if '_auth' in request['session']:
        user = request['session']['_auth']
    return redirect('/admin/login')

if __name__ == '__main__':
    app.run(host='127.0.0.1', port=8080, debug=True)
```

manage.py 文件，有的系统中喜欢写成 main.py，自然也可以写成别的文件名，是项目中的入口模块，也就是要运行系统，必须从该文件执行。本 py 文件中，整体框架与 Sanic 简介中基本一样。不一样的地方有两个，第一个是关于授权（auth）的 3 行程序：from core import auth 导入授权模块；下一行 app.config.AUTH_LOGIN_ENDPOINT = 'admin.login'，配置 app 的默认授权登录点，本例中授权登录点是 admin 蓝本中的 login 路由；第三行 auth.setup(app)，给 app 配置授权功能。第二个就是 session = {}这一行，上下的关于 session 的内容，这个内容是 Sanic auth 模块用的，即完成授权认证功能的，主要把授权认证的信息存放在该 session 字典中，保持一次会话中的授权认证有效。Session 功能中有一行：@app.middleware('request')，app 表示整个 Sanic 系统，是 Sanic 对象，middleware 是 Sanic 的中间件，参数'request'表示作用于所有 request 请求的，这个装饰符表示任何'request'都必须执行下面的函数，即把 session 存入 request 请求中：request['session'] = session，为后面的授权登录认证做准备。最后把根路由，即：'/'路由，通过@app.route('/')装饰符，也重定向到了授权登录路由，确保进入网站后，首先必须授权登录。重定向是通过 Sanic 的 response 对象的 redirect 方法实现的，即：

```
return redirect('/admin/login')
```

参数'/admin/login'就是重定向的路由，这表示，访问/会重定向到/admin/login 路由，例如，这个项目部署的网站域名地址是 www.pythonlearning.com，端口就是默认的 80 端口，那么访问网站的根路径 http://www.pythonlearning.com/ ，就会重定向到 http://www.pythonlearning.com/admin/login，后面 admin.py 文件中，大家可以看到，这个路由是授权登录路由。

19.5.3　config.py

```
import os
cfgdir = os.path.abspath(os.path.dirname(__file__))
TESTING = True   #调试模式，使用 SQLite 数据库，否则使用 MySQL 数据库

#数据库配置

#MySQL:
HOST = '127.0.0.1'
PORT = 3306
USER = 'root'
PASSWORD = '123456'
db_setting = {
    'host': HOST,
    'port': PORT,
```

```
    'password': PASSWORD,
    'user': USER
}
MYSQL_DB_NAME = 'web_admin'
#sqlite:
SQLITE_FILE_DIR = os.path.join( cfgdir,'db')
SQLITE_FILE = 'web_admin.sqlite'
```

config.py文件，主要是对数据库的配置信息，在本实例中，如果是测试状态，暂时用SQLite数据库，正式部署的时候，建议使用 MySQL 数据库。换成 MySQL 数据库只需要把 TESTING 的值改成 False 即可，正式部署的时候，也可以把关于 SQLite 数据库的配置内容全部删除掉。

19.5.4 models.py

```
from peewee import *
import os,sys
import json
import sqlite3

import config as const
from config import db_setting
from datetime import datetime

db = None        #单例模式
if const.TESTING:        #测试状态，使用 SQLITE 是数据库
    flag=os.path.exists(const.SQLITE_FILE_DIR)
    if flag==False:
        os.makedirs(const.SQLITE_FILE_DIR)
    path= os.path.join(const.SQLITE_FILE_DIR , const.SQLITE_FILE)
    print(path)
    db = SqliteDatabase(path)
else:
    db = MySQLDatabase(const.MYSQL_DB_NAME, **db_setting)

class BaseModel(Model):
    class Meta:
        database = db
```

```
class Init(BaseModel):      #数据库初始化标志
    init = IntegerField(verbose_name='初始化标志', default=0)

class AdminUser(BaseModel):      #管理员表
    phone=CharField(verbose_name='电话号码', max_length=64, null=False, index=True, primary_key=True)
    password=CharField(verbose_name='MD5密码', max_length=256, null=True)
logintimes=IntegerField(verbose_name='登录次数', null=True, default=0)
    updatetime=DateTimeField(verbose_name='最近登录日期', null=True, default=datetime.now())
    registtime=DateTimeField(verbose_name='注册日期', null=True, default=datetime.now())
    nick = CharField(verbose_name='显示名', max_length=128, null=True) #, unique=True
    sex = CharField(verbose_name='性别', max_length=64, null=True)

class News(BaseModel):     #新闻资讯表
    news_id = AutoField(verbose_name='编号', primary_key=True)# 定义自增
    imgsrc = CharField(verbose_name='图片', max_length=128, null=True,default='')
    title = CharField(verbose_name='标题', max_length=128, null=False,default='')
    digest = CharField(verbose_name='摘要', max_length=128, null=True,default='')
    content = CharField(verbose_name='内容', max_length=128, null=True,default='')
    froms = CharField(verbose_name='作者', max_length=128, null=True,default='')
    readcount = IntegerField(verbose_name='阅读次数', default=1)
    date_time=DateTimeField(verbose_name='更新日期', null=True, default=datetime.now())

def initDB():
    if db.is_closed() :
        db.connect()
    Init.create_table()
    inits = Init.select()
    if inits.count()>0:  #数据库初始化了
        for init in inits:
            if init.init == 1:
                print(" DB has been init!! ")
```

```
                return
            else:
                print("initDB ??? ")
    else:   #数据库没有初始化
        db.create_tables([AdminUser,News])
        Init.create(init =1)
        print(" initDB ok!! ")
if db.is_closed() :        #db 是单例模式，下面的程序块只会被执行一次。
    initDB()
    print("ok.")
    users = AdminUser.select()
        for user in users:
        print(user.phone+","+str(user.logintimes)+","+str(user.updatetime))
    print('users.count:'+str(users.count()))
    if users.count()<=0:      #管理员表是空的，得创建几个初始管理员
        users_dict = [{ "phone": "13811001100", "password": MD5("123456".encode())},
                    {"phone": "13800110011", "password": MD5("123456".encode())}]
        AdminUser.insert_many(users_dict).execute()
    newses = News.select().order_by(News.datetime.desc()).limit(10)
    for news in newses:
        print(str(news.news_id)+","+news.title)
```

models.py 文件，是本例中的 **ORM**（对象关系映射），主要有两个类，一个是管理员类（**AdminUser**），对应数据库的管理员表；另外一个是新闻资讯类（**News**），对应数据库的新闻资讯表。作为新闻资讯管理，首先要有管理员，其次后台对新闻资讯至少要有增加、删除和查询的功能，这个功能在下面的 **admin.py** 中实现。本例只是把两个类映射到相应的数据库中。在本例中，使用了以下知识点。

1）单例模式

单例模式就是 **db = None** 这一行，是基于文件导入的形式实现的。所谓单例模式，就是在一个系统中，只有一个对象，如在这个系统中，数据库对象就只有一个，即 **db**。下面举例说明这种文件导入实现单例模式的原理。

single.py 文件：

```
Testing = True
class First(object):
    def test(self):
```

```
        print("First self id",id(self))
class Second(object):
    def test(self):
        print("Second self id",id(self))
t= None
if Testing:
    t = First()
else:
    t = Second()
```

test.py 文件：

```
from single import t as t1
print(t1,id(t1))

from single import t as t2
print(t2,id(t2))
t1.test()
t2.test()
```

执行 test.py 文件后的运行结果：

```
<single.First object at 0x0000019B4F9CC2B0> 1766567232176
<single.First object at 0x0000019B4F9CC2B0> 1766567232176
First self id 1766567232176
First self id 1766567232176
```

可见，两次导入后，t1 和 t2 对象的 id（内存地址）都是一样的，说明 single.py 中的 t 是单例模式，即这个多文件的程序中，只有一个对象实例。所以 if db.is_closed()这一程序块，只会被执行一次，即整个系统第一次 import 这个 models 的时候。

而在本实例中，从 manager.py 开始执行，有多个文件，对于 models.py 文件都是用 import 导入的，因此 db 的 id（对象地址）都是一样的，即 db 是单例模式，整个系统一个 db 对象。

2）根据 TESTING 的值确定使用哪类数据库

在本例中，根据 config.py 中的 TESTING 值，确定使用 SQLite 数据库还是 MySQL 数据库。正式部署的时候，可以只用 MySQL 数据库，删掉所有关于 SQLite 数据库的内容。

3）定义了 Peewee 的 Model 类的扩展 BaseModel 类

有了扩展 BaseModel 类后，AdminUser 类和 News 类只需要继承 BaseModel 类，不需要再在后面写 class Meta:和 database = db 这两行。这是面向对象思维的一种具体应用。

4）使用了数据库初始化标志

在本例中，为了数据库的初始化，定义了类 Init，同时定义了 initDB()函数，并在 db 要是关闭状态，并且 Init 数据表中没有已经初始化的标志，那么初始化数据库表。这一方法，在软件开发调试过程中比较有用，在正式部署后，建议一并删掉。

5）对管理员密码使用 MD5 加密后存储在表中

一个完整的系统中，用户密码是不能明文存储在数据库的表中的，用户密码必须加密，最常用的加密存储方法是用 MD5，本例中就在后台使用了 MD5 加密用户名，后面的 admin.py 也有相应的用户密码验证代码。

6） AdminUser（管理员表）和 News（新闻资讯表）都定义了主键（primary_key）

AdminUser（管理员表）在这一行：phone = CharField(verbose_name='电话号码', max_length=64, null=False, index=True, primary_key = True)；News（新闻资讯表） 在这一行：news_id = AutoField(verbose_name='编号', primary_key=True)，都使用了 Field 的属性 primary_key=True 定义关系表的主键。此外，Peewee 还可以在 class mate：中定义复合主键，示例如下：

```
class mate:
primary_key = CompositeKey('one', 'two') #one 和 two 属性作为复合主键
```

7）定义了自增属性，即 AutoField

在 News（新闻资讯表）的这一行：news_id = AutoField(verbose_name='编号', primary_key=True)。自增属性，在增加记录的时候，不需要给具体的值，Peewee 系统会自动给出自增的整数值。

此外，在本实例中，没有完成管理员表的增、删、改、查，因此，第一次初始化数据库表的时候，要添加几个管理员。建议读者完成管理员表的增、删、改、查。

19.5.5 admin.py

1. admin.py 文件内容

文件 admin.py（在 admin 文件夹下）：

```
import os,json,requests
from datetime import datetime

from sanic import Blueprint, response
from sanic.response import redirect,text,html,file,json
from jinja2 import Environment, PackageLoader, select_autoescape

from core import auth
from sanic_auth import Auth,User
```

```
from    model.models import *
import config as cfg

admin = Blueprint('admin')
admin.static('/static', './static')

env = Environment(
    loader=PackageLoader('admin', '../templates'),
    autoescape=select_autoescape(['html', 'xml', 'tpl']))

#网页渲染
def template(tpl, **kwargs):
    templater = env.get_template(tpl)
    return html(templater.render(kwargs))
#求 MD5
def MD5(src):
    import hashlib
    md5 = hashlib.md5()
    md5.update(src)
    return md5.hexdigest()
#登录
@admin.route('/login',methods=['GET', 'POST'])
async def login(request):
    print('/admin/login')
    if request.method == 'GET':
        return template('login.html',error="请输入用户名或者密码")
    phone = request.form.get('username')
    password = request.form.get('password')
    md5 = MD5(password.encode("utf8"))
    users=None
try:
        #step 1
        users = AdminUser.select().where(AdminUser.phone == phone)
        #step 2
```

```
            if users.count()>=1:
                baseuser=users.get()
                if baseuser.password != md5:
                    print(baseuser.password+':'+md5+" is not equal.")
                    return template('login.html',error="请输入正确的密码")
                user = User(id=baseuser.phone,name=baseuser.password)
                auth.login_user(request,user)
                return template('index.html')
            else:
                return template('login.html',error="用户名不正确")
        except Exception as e:
            return template('login.html',error="用户名或密码不正确")
@admin.route('/logout')
@auth.login_required
async def logout(request):
    print('/admin/logout')
    auth.logout_user(request)
    return template('logout.html')#,error="已经退出，请重新登录系统"
#root
@admin.route('/')
async def index(request):
    print('/admin')
    return redirect('/admin/login')
#主页
@admin.route('/index')
@auth.login_required    #授权后才可以进主页
async def index(request):
    print('/admin/index ')
    return template('index.html')
#添加新闻
@admin.route('/news/admin',methods=['GET','POST']) #
@auth.login_required
async def add_news(request):
    print('/admin/news/admin')
```

```
    if request.method == 'GET':
        return template('newsadd.html')
    title = request.form.get('title')
    digest = request.form.get('digest')
    imgsrc = request.form.get('imgsrc') #''
    if not imgsrc:
        imgsrc = ''
content = request.form.get('content')
froms = request.form.get('froms')
if (not title) or len(title)==0:
        return template('newsadd.html',error="新闻空错误")

    news=News.create(title=title,digest=digest,imgsrc=imgsrc,content=content,froms=froms )
    if not news:
        return template('newsadd.html',error="新闻插入错误")
    else:
        return template('newsadd.html',error="新闻插入成功!!")
#获取最近 10 条新闻
@admin.route('/news/get',methods=['GET', 'POST'])
@auth.login_required
async def get_news(request):
    print('/admin/news/get')
    newses = News.select().order_by(News. date_time.desc()).limit(10)
    if newses.count()>=0:
        return template('newsget.html',cates=locals())
    else:
        return template('index.html',error="新闻没用找到!!")
#获取新闻详情
@admin.route('/news/detail',methods=['GET', 'POST'])
async def get_news_detail(request):
    if request.method == 'GET':
        return redirect('/admin/news/get')
    num = request.form.get('newsid')
    print('/admin/news/detail/'+num)
```

```
    try:
        newsid = int(num)
        id_newses = News.select().where(News.news_id == newsid)
        if id_newses.count()>0:
            onenews = id_newses.get()
            readcount = onenews.readcount + 1
            ns=News.update(readcount=readcount).where(News.news_id==
newsid).execute()
            print(onenews)
            return template('newsdetail.html',news=onenews)
        else:
            print(u'没有该新闻,id:'+num)
            return template('index.html',error="新闻没用找到!!,新闻 id:"+num)
    except Exception as e:
            return template('index.html',error="新闻异常:"+str(e))
#删除新闻详情
@admin.route('/news/del',methods=['GET', 'POST'])
@auth.login_required
async def del_news(request):
    if request.method == 'GET':
        return redirect('/admin/news/get')
    num = request.form.get('newsid')
    print('/admin/news/del/'+num)
    try:
        newsid = int(num)
        news = News.delete().where(News.news_id == newsid).execute()
        #print(news)
        return redirect('/admin/news/get')

    except Exception as e:
        return template('index.html',error="删除新闻异常:"+str(e))
#获取 User
@admin.route('/user/get',methods=['GET', 'POST'])
@auth.login_required
```

```
async def get_users(request):
    print('/admin/user/get')
    users = AdminUser.select()
    if users.count()>=0:
        return template('showusers.html',cates=locals())
    else:
        return template('index.html',error="用户没用找到!!")
#日志查看
already_print_num = 0
@admin.route('/logs/get',methods=['GET', 'POST'])
@auth.login_required
def get_rank2_logs(request):
    global already_print_num
    import  os
    filepath = '/tmp/web_admin.log'
    if not os.path.exists(filepath):
        return template('showlog.html',error='no such file %s' % filepath)
    readfile = open(filepath, 'r')
    lines = readfile.readlines()
    readfile.close()
    if len(lines) > 20 and already_print_num == 0:
        #last_num = 20   #首次输出最多输出 20 行
        already_print_num = len(lines) - 20
    if already_print_num < len(lines):
        print_lines = lines[already_print_num-len(lines):]
        already_print_num = len(lines)
        return template('showlog.html',logs=print_lines)
    else:
        already_print_num = 0
return template('showlog.html',error='已经读取计数异常')
```

admin.py 文件内容很多，相信大家看到这里，应当都很头疼了，大家只需要先对 admin.py 有个初步印象即可，后面按照 admin.py 文件实现的功能进行分解，让大家能进一步学习。

2. admin.py 蓝本部分

蓝本部分很简单：

```
admin = Blueprint('admin')
admin.static('/static', './static')
```

第一行是定义蓝本对象 admin。第二行是指定蓝本 admin 的静态文件存取路径，这里指定为 admin.py 的当前文件夹下的 static 子文件夹，路由是/static，可以把图片 js 文件等放在静态文件路径中。要注意的是，admin 指定的路由是/static，为相对路由，但是在浏览器地址栏中输入的时候，在/static 前还要加上/admin，组成绝对路由/admin/static，例如，部署的网站地址是 www.pythonlearning.com，那么该蓝本的静态文件的 url 路径就是 http://www.pythonlearning.com/admin/static。

3. admin.py 模板渲染部分

模板渲染部分主要有三步，第一步就是创建环境对象 env：

```
env = Environment(
    loader=PackageLoader('admin', '../templates'),
    autoescape=select_autoescape(['html', 'xml', 'tpl']))
```

这一步中只用了 Environment 类的构造方法。其中 loader 参数使用了 PackageLoader 类，创建了模板文件的 loader 对象，该对象表明，使用的是 admin 蓝本，模板文件路径在当前文件夹的父文件夹下的 templates 下。其中 autoescape 参数使用了 select_autoescape 方法，指定了可以使用的模板文件类型，即'html', 'xml', 'tpl'3 种。

第二步就是定义网页渲染函数 template：

```
#网页渲染
def template(tpl, **kwargs):
    templater = env.get_template(tpl)
    return html(templater.render(kwargs))
```

可以看到网页渲染函数 template 使用到了 env 对象，首先从 env 对象中获取模板文件，即调用 env 对象的 get_template 方法，参数就是模板文件名，即 tpl，返回模板对象；其次模板对象用 render 方法渲染字典参数**kwargs，这个方法把模板文件中读取到的字符串通过替换字典参数，把流程控制等 Jinja2 模板代码也展开，这样模板文件内容就构成了新的字符串，新字符串就没有了“{{}}”或“{%%}”等 Jinja2 的标记，即没有非 HTML 标记了，也就是说渲染之后，模板文件就转换成标准的 HTML 字符串代码了；最后用 Sanic 的 response 对象的 html 方法，把字符串转换为 HTML 格式的响应对象。

第三步就是各个路由中使用 template 函数，生成渲染的网页，返回给客户端的浏览器。浏览器就可以看到渲染后的网页。

4. admin.py 授权登录部分

授权登录部分，使用了 Sanic auth 模块，因为是蓝本，所以用到了 core.py 文件中的 auth 对象。

```
from core import auth
from sanic_auth import Auth,User

@admin.route('/login',methods=['GET', 'POST'])
async def login(request):
    …
```

对于 login 路由，主要分两种调用方法。

第一种是直接用输入路由调用，如这个项目部署的网站域名地址是 www.pythonlearning.com，端口就是默认的 80 端口，那么访问这个路由，即 http://www.pythonlearning.com/admin/login，就会调用 login 函数。此时，请求的方法是 GET，而且也没有用户名、密码等登录内容，因此首先得处理这种情况，即请求方法 (request.method) 为 GET 的情况，对于这种情况，只需要渲染 login.html 模板文件给浏览器即可：template('login.html')。此外，各种路由重定向到/admin/login 这个路由的，也都是 GET 请求方法，而且后面的@auth.login_required 这个验证授权装饰符，如果验证后，发现没有登录授权，根据 manager.py 中的配置，也会重定向到/admin/login 这个路由。由此可见，这种情况是这个实例的唯一入口，可以确保后台管理网站的安全。

第二种是通过 login.html 中的 form 表单，输入用户电话、密码等，用 POST 请求方法（request.method），调用/admin/login 路由。在这种情况下，第一步就是获取用户电话和密码，对于密码，由于数据库中存储的是 MD5 加密了的密码值，所以要确保用户输入的密码要转换为 MD5 加密了的密码值，这种转换，可以在浏览器端用 JavaScript 完成，也可以在 Web 后台管理程序部分完成，在这个实例中，采用了 Web 后台管理程序对用户传送过来的密码进行 MD5 转换，因此在 login 函数中，获取到用户密码之后，就得把用户密码转化为加密了的密码值，然后去数据库中找。因此，第二步就是利用 Peewee 的数据库查询功能，到管理员用户表（AdminUser），通过用户电话查询是否存在该记录，查询语句就是：AdminUser.select().where(AdminUser.phone == phone)，如果存在，也就是说查询到的记录数大于等于 1，即：users.count()>=1，否则就不存在这个用户，向客户端发送用户不存在错误的回复（response）即可。要是存在这个用户，那么进行第三步，判断密码是否正确，即两个都是 MD5 加密了的密码值是不是相等，要是相等，那么密码验证通过，否则密码错误，向客户端发送用户密码错误的回复（response）即可。要是密码验证也通过了，就进行第四步，通过 Sanic auth 的 User 类创建授权对象，即 User(id=baseuser.phone, name=baseuser.password)，然后通过 auth 对象的 login_user 方法，把创建的授权对象放在请求中的 session 中，即 auth.login_user(request,user)。一切都完成后，就可以进入后台管理系统的管理主页，也就是网页 index.html 了，只需要通过前面定义的 Jinja2 的 template 函数渲染 index.html 即可。此外，如果在这些步骤中，任何一个步骤出现异常，也会给客户端浏览器回复（response）错误，错误只需假定为用户名和密码错误即可。

由此可以看出，在这个实例中一个路由就处理了 GET 和 POST 两种请求方法，也就处理了有 form 表单提交（submit）数据，和没有 form 表单提交（submit）数据的问题了。

此外，细心的读者查看 login.html 的时候，可能已经发现了，form 表单里 action 中为空字符串，没有具体的路由，即：<form action="" method="post">，这是因为 Jinja2 对于这些模板文件都是通过路由渲染的，也就是说，浏览器里出现这个网页的时候，实际上访问的是/admin/login 路由，那么 form 表单中 action 为空，就表示依然提交到当前的路由，即/admin/login 路由，因此，这里的 action 就为空。这也就是为什么 login 函数要处理有 form 表单提交（submit）数据，和没有 form 表单提交（submit）数据的问题。后面的很多路由的处理函数和相应的 thml 模板文件都是这样的。

5. admin.py 路由重定向部分

重定向部分，重定向了具体的'/admin/'路由，都重定向到了登录部分。即：

```
@admin.route('/')
async def index(request):
    return redirect('/admin/login')
```

在这一部分，最容易出错的地方是，redirect('/admin/login')的参数'/admin/login'写为'/login'。这里必须写为'/admin/login'，因为 response 对象的 redirect 方法后面的字符串参数，必须是具体的路由，而不是蓝本的相对路由。后面也会出现一些 redirect 方法，在蓝本模块中使用 redirect 方法，要注意使用具体的路由，而不是蓝本的相对路由。

6. admin.py 主页部分

主页部分，通过@admin.route('/index") 装饰符指明，采用的是蓝本的'/index'路由，即具体路由为'/admin/index'。主页功能就是渲染 index.html，调用了 template 函数。具体代码如下：

```
@admin.route('/index')
@auth.login_required    #授权后才可以进主页
async def index(request):
    return template('index.html')
```

index 函数前面还多了一个@auth.login_required 装饰符，这个装饰符功能就是确认是否已经通过了授权认证，以及授权会话是否已经失效，即授权 session 失效了。后面的路由都增加了这一装饰符，所以，任何直接输入路由的方式，如果没有授权登录或登录会话已经失效，都会再次要求授权登录。

7. admin.py 添加新闻部分

从添加新闻开始，后面的内容都是关于新闻的增、删、改、查，添加新闻属于新闻的增。实例中使用 Peewee 作为对象关系映射（ORM），因此采用的是 Peewee 对数据表的增加。

添加新闻部分，相对路由为'/news/admin'，绝对路由为'/admin/news/admin'，与前面介绍的'/login'路由一样，也分 GET 和 POST 两种请求方法。处理函数是 add_news，add_news 函数前面也有@auth.login_required 装饰符，因此也要求管理员用户必须登录授权后才能使用这个路由。具体添加新闻采用了 Peewee 的 create 方法，即 news.create(title=title, digest=digest, imgsrc=imgsrc, content=content, froms=froms)，create 方法执行成功后，创建一条新的新闻资讯记录，并返回新闻对象，因此可以根据返回值判断执行的情况。

8. admin.py 查询新闻部分

新闻资讯的查询功能，用 Peewee 模型（Model）的 select 方法，对于新闻资讯，发布时间最新的，应当放在最前，因此用 order_by 方法对发布时间降序排序，此处只取了前 10 条新闻资讯记录，即用 limit(10)限制新闻资讯条数，关键代码就是：News.select().order_by(News.date_time.desc()).limit(10)。select 方法返回的记录对象的记录数可以通过 count()方法获取，如果获取的记录数大于 0 表示有记录，否则表示没有查询到记录，分别对这两种情况处理即可。

新闻资讯查询处理函数 get_news 中 locals()函数表示获取调用函数中所有的本地变量，如果作为 template 函数的参数，那么代表所有本地变量都传送给对应的模板文件。get_news 函数中 template('newsget.html',cates=locals())就是这种方法调用的，那么 newsget.html 模板文件中，要调用 get_news 函数中的 newses 变量，只需要写 cates.newses 即可。

此外 Peewee 中对于记录的查询，还可以分页查询，下面依然以新闻资讯查询为例，介绍如何实现分页查询：

```
#分页（每页 10 条）获取最近的新闻
@admin.route('/news/pageget',methods=['GET', 'POST'])
@auth.login_required
async def get_news(request):
    print('/admin/news/pageget')
    page= int(request.form.get('page',1))         #没有 page 参数，那么使用默认值 1

    newses = News.select().order_by(News. date_time.desc()).pageinate (page,10)
    if newses.count()>=0:
        return template('newsget.html',cates=locals())
    else:
        return template('index.html',error="新闻没用找到!!")
```

在这个例子中，使用了 Sanic 的 request.form.get 的默认值，这样调用相对路由/news/pageget 的时候最灵活，既可以直接调用，也可以加上 page 参数调用；既可以用 GET 请求方法，也可以用 POST 请求方法。这样模板文件中的下一页，既可以用 form 表单调用下一页，也可以直接用链接（如:<a href='//admin/news/pageget?page=2'>下一页</a>）调用下一页。pageinate 方法第一个参数是起始页数，从 1 开始，第二个参数是每页显示的记录数，本例中是 10 条。

9. admin.py 删除新闻部分

新闻资讯的删除功能很简单，直接用 Peewee 模型（Model）的 delete 方法，在 where 条件中给出要删除的主键的值即可。删除后，无论是否成功，直接重定向到新闻资讯查询路由，这样从新闻资料列表中就可以看到是不是真的删除了。

实例中是新闻资讯的后台管理部分，对于新闻资讯，基本上不做修改，因此在这个实例中，就没有做新闻资讯的修改。对于数据表的修改，可以参考前面 Peewee 部分关于数据表的修改进行进一步学习。

10. admin.py 日志查看部分

对于日志查看部分，由于日志就是普通的多行文本文件，因此只需要分行读取日志文件，并响应（response）给客户端浏览器即可，基本上就是 Python 基础部分的文本文件数据处理和函数中的全局变量的使用知识，这里就不详细介绍了。

19.5.6 模板文件

templates 文件夹下有很多 html 模板文件，下面只列出 index.html 文件内容，其他模板文件请下载代码查看。

```
<!DOCTYPE html>
<html>
<head>
    <meta charset="utf-8">
    <title>主页</title>
</head>
<body>
    <div class="tea-bg">
        <div class="main-2">
            <div id="login-button-box">
        <a style="font-size:38px;" href="/admin/news/admin">
            <div id="newsadd-button">添加资讯</div>
        </a>
        <a style="font-size:38px;" href="/admin/news/get">
            <div id="newsget-button">查看资讯</div>
        </a>
        <a style="font-size:38px;" href="/admin/user/get">
            <div id="user-button">查看用户</div>
        </a>
```

```
            <a style="font-size:38px;" href="/admin/logs/get">
                <div id="logs-button">查看日志</div>
            </a>
            <p></p>
            {% if error %}
            <span style="color: red; font-weight: bold; margin: 0 28px">
                {{ error }}
             </span>
             {% endif %}
            <p></p>
            <a style="font-size:38px;" href="/admin/logout">[注 销]</a>
               </div>
            </div>
        </div>
</body>
</html>
```

在 html 模板文件中有用{{ error }}一双花括号括起来的变量，这些变量就是需要渲染的部分。前面定义的函数 def template(tpl, **kwargs)中，第一个是模板文件名，后面的是字典，如果要渲染上面的 html 文件，这个 html 文件只有一个要替换的变量，即 error，那么实参就得写为 template("index.html", error="XXXX")，也就是说，**kwargs 的实参就是模板文件中定义的所有变量构成的字典。

其他 html 模板文件的详细内容，请到 templates 下查看。

运行 manage.py 后，打开浏览器，在地址栏输入: http://127.0.0.1:8088，进入登录界面，输入 models.py 文件在创建数据库时生成的管理用户表插入的用户名和密码，登录进入资讯后台管理系统。

习　题

应用开发题

1. 把本章中 admin 蓝本用到的 models.py、congfig.py 及文件夹 static、templates 都移动到 admin 文件夹中，然后修改项目代码，使得项目能正常运行。

2. 参照本章案例，开发一个简单的基于 Web 的后台管理习题，如用户后台管理系统、学生成绩后台管理系统等。

第 20 章　WebSocket 开发实例

学习目标

（1）掌握 WebSocket 原理。

（2）掌握 Snaic 中的 WebSocket。

（3）掌握 HTML 中 JavaScript 中的 WebSocket。

（4）掌握基于 Sanic 的 WebSocket 网站通信技术。

20.1　WebSocket 简介

WebSocket 适用于社交聊天、弹幕、多玩家游戏、协同编辑、股票基金实时报价、体育实况更新、视频会议/聊天、基于位置的应用、在线教育、智能家居等需要高实时的场景。

以实时社交聊天为例，如果使用 HTTP 协议，那么客户端就得不断轮询，即客户端和服务器之间会一直进行连接，每隔一段时间就询问一次。客户端会一直轮询，不管有没有新消息。这种方式连接数会很多，一个接受，一个发送。而且每次发送请求都会有 HTTP 协议的头部（Header）数据，会很耗数据流量，也会很消耗 CPU 的利用率。现在迫切的需求是能支持客户端和服务器端的双向通信，而且协议的头部又没有 HTTP 的 Header 那么大，于是，WebSocket 就诞生了！在流量消耗方面，相同的每秒客户端轮询的次数，当次数高达数万次每秒的高频率次数的时候，WebSocket 消耗流量仅为轮询的几百分之一。

WebSocket 是工作在 OSI 模型的应用层，即第七层上的一个应用层协议，它必须依赖 HTTP 协议进行一次握手，握手成功后，数据就直接从 TCP 通道传输了，与 HTTP 无关。

WebSocket 的数据是以帧（frame）格式传输的，例如，会将一条消息分为几个帧（frame），按照先后顺序传输出去。这样做会有以下两个好处。

（1）大数据的传输可以分片传输，不用考虑到数据大小导致的长度标志位不足够的情况。

（2）和 HTTP 的 chunk 一样，可以边生成数据边传递消息，即提高传输效率。

WebSocket 和 Socket 虽然都有 Socket 字样，但是它们之间还是有很大区别的。首先，Socket 其实并不是一个协议。它工作在 OSI 模型会话层（第 5 层），是为了方便大家直接使用更底层协议（一般是 TCP 或 UDP ）而存在的一个抽象层。Socket 是对 TCP/IP 协议的封装，Socket 本身并不是协议，而是一个调用接口（API）。Socket 通常也称作“套接字”，用于描述 IP 地址和端口，是一个通信链的句柄。网络上的两个程序通过一个双向的通信连接实现数据的交换，这个双向链路的一端称为一个 Socket，一个 Socket 由一个 IP 地址和一个端口号唯一确定。应用程序通常通过“套接字”向网络发出请求或应答网络请求。Socket 在通信过程中，服务器端监听某个端口是否有连接请求，客户端向服务器端发送连接请求，服务器端收到连接请求，向客户端发出接收消息，这样一个连接就建立起来了。客户端和服务器端也都可以相互发送消息与对方进行通信，直到双方连接断开。

20.2　WebSocket 实例简介

在本实例中，介绍了一个完整的WebSocket的聊天程序，后台WebSocket框架使用Sanic，前端 HTML 界面使用 JavaScript 中的 WebSocket。

本实例主文件夹中有main.py、static子文件夹、chat子文件夹。static子文件夹有logo.png，是网站的 logo。chat 子文件夹有 chat.py 文件和 templates 子文件夹，templates 子文件夹中有 chat.html 文件。

本章实例代码可以从 www.pythonlearning.com/网站 Python 教材导航中寻找下载。

20.3　聊天室后端

20.3.1　后台 Sanic 主程序

主程序 main.py：

```
from sanic import Sanic
from sanic.response import redirect
from chat.chat import chat

app = Sanic(__name__)
app.blueprint(chat, url_prefix='chat')    #注册蓝本

app.static('/static', './static')
# TODO 主路由
if __name__ == '__main__':
    app.run(host='127.0.0.1', port=8088, debug=True)
```

在实际部署的时候，建议把 127.0.0.1 换成服务器的真实 IP 地址。

20.3.2　后台 Sanic 的 WebSocket 的聊天程序

后台 chat.py 文件（在 chat 文件夹中）：

```
#通用聊天室
'''
    使用方法（在主文件中）：
from chat.chat import chat
app.blueprint(chat, url_prefix='chat')
'''
from sanic import Blueprint, response
from sanic.response import redirect,text,html,file,json
from jinja2 import Environment, PackageLoader, select_autoescape
```

```
 chat = Blueprint('chat')

env = Environment(
      loader=PackageLoader('chat', './templates'),
      autoescape=select_autoescape(['html', 'xml', 'tpl']))

#网页渲染
def template(tpl, **kwargs):
      templater = env.get_template(tpl)
      return html(templater.render(kwargs))
#chat root
@chat.route('/')
async def index(request):
      print('/chat')
      return template('chat.html')
# chat 主页 index
@chat.route('/index')
async def index(request):
      print('/chat/index ')
      return template('tchat.html')
#聊天室全局变量
wslist = []
wsnames = []
#进入聊天室
def in_chat(ws,name):
      wslist.append(ws)
      wsnames.append(name)
#退出聊天室
def out_chat(ws,name):
      wslist.remove(ws)
      wsnames.remove(name)
#------------------ websocket 路由------------------------------
@chat.websocket('/ws/<name>')    # /chat/ws/<name>
async def do_chat(request,ws,name):
```

```
    global wslist
    global wsnames
    retstr='{"from_user":"系统","to_user":"所有人","chat":"'+name+'登录了."}'
    for wss in wslist:
        await wss.send(retstr)
    in_chat(ws,name)
    try:
        while True:
            data = await ws.recv()
            print('Received: ' + data)
            if "在线用户"== data:
                data='{"from_user":"在线用户","to_user":"在线用户","chat":"' +str(wsnames)+' "} '

                print('Sending: ' + data)
                await ws.send(data)

                continue
            for wss in wslist:
                if ws != wss:
                    await wss.send(data)
        out_chat(ws,name)
        retstr='{"from_user":"系统","to_user":"所有人","chat":"'+name+'已退出."}'
        print(retstr)
        for wss in wslist:
            await wss.send(retstr)
    except Exception as e:
        print(e)
        out_chat(ws,name)
        retstr='{"from_user":"系统","to_user":"所有人","chat":"'+name+'已退出."}'
        print(retstr)
        for wss in wslist:
            await wss.send(retstr)
```

WebSocket 服务器端，第一步要建立 WebSocket 连接的列表和聊天用户的用户名列表，第二步编写进入和退出聊天室的函数，第三步设置针对每个用户的 WebSocket 连接路由及其处理函数。WebSocket 连接路由处理函数中，第一步通知其他在线用户，新用户登录了，并调用进入聊天室函数；第二步死循环处理用户发送的聊天信息，如果聊天信息中有在线用户请求，那么发送当前在线用户列表给用户；第三步如果退出第二步的死循环，说明用户退出了，那么调用退出函数，通知其他在线用户该用户退出了；最后一步，对于任何异常，也表示用户退出了聊天室，也要调用退出函数，并通知其他用户该用户退出了。

20.4　聊天室前端

聊天室前端程序就是聊天程序中的模板文件，也即放在 chat 文件夹的 templates 子文件夹中的 chat.html 文件。该文件使用 HTML 实现聊天界面，使用 JavaScript 实现 WebSocket 聊天交互。

模板文件（chat.html）：

```
<!DOCTYPE html>
<html lang="en">
<head>
    <meta name="viewport" content="width=device-width, initial-scale=1" charset="UTF-8">
   <title>聊天室</title>
</head>
<body>
    <p>你的名字：<input type="text" id="username">
        <button onclick="open_ws()">登录聊天室</button>
    </p>

    <form onsubmit="return false;">
    <h3>WebSocket 聊天室：</h3>
    <textarea id="responseText" style="width: 500px; height: 300px;"></textarea>
    <br>
    给：<input type="text" id="to_user">消息内容：<input type="text" id="message">
    <input type="button" value="发送消息" onclick="send_msg()">
    <input type="button"
onclick="javascript:document.getElementById('responseText').value='' "value="清空聊天记录">
    </form>
    <p></p>
    <a style="font-size:38px;" href="/index">[返回主菜单]</a>
    <p></p>
```

```
    <script type="application/javascript">
    // javascript 实现 WebSocket 聊天交互
    var ws = null;    //WebSocket 对象 ws，全局变量
    function open_ws() {
        var username = document.getElementById('username').value;
        ws = new WebSocket("ws://127.0.0.1:8088/chat/ws/" + username); //创建 ws 对象
        ws.onopen = function () { // WebSocket 打开事件处理
            ws.send("在线用户"); //向后台请求在线用户
        alert("登录成功");
        };
        ws.onmessage = function (eventMessage) { //消息到达事件处理
            // 显示消息记录
            var chat = JSON.parse(eventMessage.data);
           //alert(chat);
           if(chat.to_user == "在线用户"){ //返回在线用户列表
               var chat_content = document.getElementById('responseText');
               chat_content.value = chat_content.value + "\n 在线用户: " + chat.chat;
          }else{ //返回正常消息
               var chat_content = document.getElementById('responseText');
               chat_content.value  =  chat_content.value  +  "\n"  +  chat.from_user  +  " >> "+
chat.to_user + " : " + chat.chat;    //显示收到的消息
        }
      }
    }

function send_msg() {
        // 发送消息
        var to_user = document.getElementById("to_user").value;
        var msg = document.getElementById("message").value;
        var username = document.getElementById('username').value;
        var send_str = { //创建消息字典
            from_user: username,
            to_user: to_user,
            chat: msg
```

```
        };
        ws.send(JSON.stringify(send_str)); // 发送
        var chat_content = document.getElementById("responseText");
        chat_content.value = chat_content.value+"\n"+"我： "+msg; //显示自己的消息
    }
</script>
</body>
</html>
```

在聊天室的前端模板文件中，关键是使用 JavaScript 创建 WebSocket 对象 ws，而且创建的 WebSocket 对象 ws 必须是全局变量，同时要设计 ws 的事件，主要的事件有：ws.onopen 事件处理第一次打开连接要处理的任务；ws.onmessage 事件处理接收到服务器的数据。此外，任何时刻要给服务器发送数据，只需要调用 ws.send 方法即可。

习　题

应用开发题

1. 修改和美化本章中的前端 html 文件。
2. 参照本例，利用 WebSocket 编写一个简单的 HTML 5 游戏。

第 21 章　云服务器部署项目简介

学习目标

（1）掌握云服务器的选择与购买。

（2）掌握 Xshell 和 WinSCP 的使用。

（3）掌握 Centos7 下 Python 3 的安装。

（4）掌握 Python 网络项目的云服务器部署。

（5）掌握域名的购买、解析和备案。

21.1　云服务器的选择与购买

要想在云服务器上部署自己的项目，首先要购买一台云服务器，网上的云服务器很多，如阿里云、腾讯云、华为云等。云服务器的性能差别很大，具体购买哪一种，要根据自己的实际情况选择，自然一分价钱一分货，要想使用性能优越的云服务器，就得出更多的钱。对于初学的学生，建议先购买新手或学生特惠的云服务器，先学会云服务器项目的部署，为以后大型项目的部署打下坚实的基础。下面以阿里云为例，介绍云服务器项目的部署。

阿里云服务器购买很简单，首先进入阿里云网站：https://www.aliyun.com/，然后注册登录或使用支付宝登录。和其他云服务商差不多，阿里云网站也往往有针对新用户的特惠云服务器，建议新手购买。购买的时候，操作系统建议就使用默认的 CentOS 7 64 位。如图 21-1 所示。不建议使用 Windows 操作系统，因为同样的配置，CentOS 的性能比 Windows 好多了。因此一般来说，大部分云服务器都选择了 CentOS 等内核为 Linux 的操作系统。

云服务器购买之后，任何时候，都可以进入阿里云首页，登录后，单击右上角的控制台，然后选择中间的云服务器 ECS（或单击左上角的橙底白色的三横，左侧出现菜单，选择云服务器 ECS），单击右侧菜单中的实例，如果没有实例，则单击右上角阿里云字样右侧的地区，选择地域，图 21-1 显示购买的云服务器的地域为：华北 3（张家口），那么就选择“华北 3（张家口）”。此时出现图 21-2 所示的内容。

如果忘记了购买的云服务器在具体哪个地域了，那么只好一个一个的地域单击选择查看，直到看到类似图 21-2 的内容为止。

在这个列表中，最重要的就是 IP 地址列下面的两个 IP 地址，后面标有（公）的是对外的 IP 地址，大家通过 IP 地址访问这个云服务器的时候，使用的就是这个 IP 地址。后面标有（私有）字样的 IP 地址是云服务器内部的 IP 地址，例如，若云服务器操作系统是 CentOS，那么在终端命令行中输入 Linux 命令：ifconfig 回车后，就可以找到这个私有 IP 地址。后面标有（公）的是对外的 IP 地址，大家可以通过 Xshell 或 WinSCP 等输入这个 IP 地址访问或部署自己的项目到这个云服务器。在使用 Xshell 或 WinSCP 等输入这个 IP 地址访问这个云服务器的时候，还要输入用户名和密码，可以在图 21-2 中最右侧单击“更多”后选择“密码

/密钥”，对远程密码进行重置或修改。

图 21-1　购买云服务器并选择操作系统

图 21-2　云服务器实例列表图

21.2　Xshell 和 WinSCP 的使用

要想在云服务器中部署自己的项目，就要使用一些工具，这里推荐使用 Xshell 和 WinSCP。Xshell 可以方便地远程执行 CentOS 命令，WinSCP 可以方便地部署项目。

21.2.1　Xshell 的使用

到 Xshell 官网（http://www.netsarang.com/download）下载填写信息，该网站会向下载者的邮箱发送下载链接，用浏览器打开邮箱的链接进行下载，下载完成后是一个可执行文件。打开下载的文件进行安装，安装好之后打开界面，如图 21-3 所示，输入主机地址。主机地址就是图 21-2 中后面标有（公）的 IP 地址，输入后单击链接，然后输入用户名和密码，CentOS 用户名一般使用 root，为了安全起见，也可以进入后添加别的用户，使用别的用户名和密码登录。root 用户的密码如果忘记了，可以按照前面 21.1 节中所述来修改密码。输入用户名、密码正确之后，就会进入云服务器的 Linux 命令行，如果是 root 用户名进入，那么提示符就是#，大家可以在命令行中输入 Linux 常用命令，对 CentOS 进行操作。

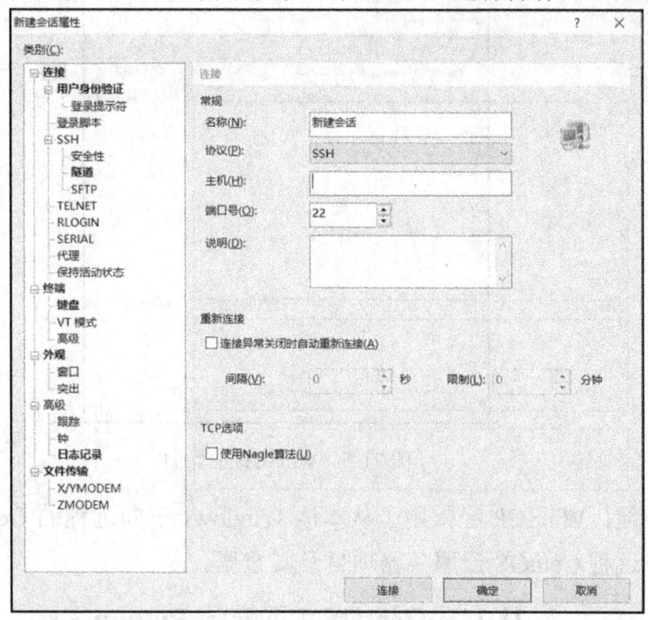

图 21-3　Xshell 连接界面

21.2.2　WinSCP 的使用

WinSCP 是一款开源的 SFTP 客户端，运行于 Windows 系统下，遵照 GPL 发布。要使用 WinSCP，首先下载 WinSCP，下载的官方地址为 https://sourceforge.net/-projects/winscp/或 https://winscp.net/eng/download.php。其次，下载文件后安装，打开相应界面，创建 WinSCP 会话，如图 21-4 所示。

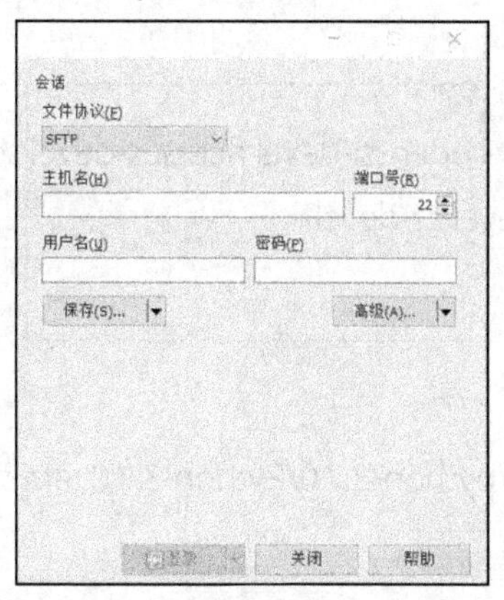

图 21-4　创建 WinSCP 会话

与 21.1 节类似，输入 IP 地址、用户名和密码，然后登录，进入图 21-5 的 Win-SCP 主界面。在这个界面中，左侧可以浏览本地所有的文件夹，右侧可以浏览云服务器中的各个文件夹，而且支持左右两侧文件或文件夹的拖动操作，因此可以轻松地实现本地项目和云服务器项目之间的更新或下载。

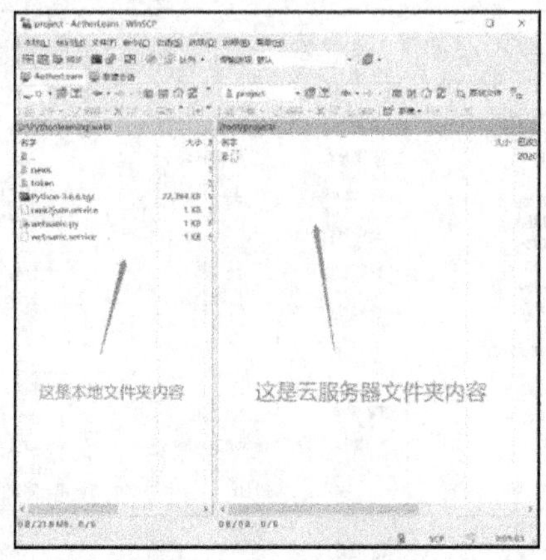

图 21-5　WinSCP 主界面

由于使用方便，WinSCP 经常用于从本地 Windows 下向远程的 CentOS 云服务器上部署项目，或者备份远程 CentOS 云服务器项目及其数据。

21.3　CentOS 7 下安装 Python 3.x

要在远程的 CentOS 云服务器上部署 Python 项目，就要在远程的 CentOS 云服务器上安装 Python，本书的实例都是在 Python 3.5 以上版本上调试实现的，因此，建议在远程 CentOS 云服务器上安装 Python 3.6 以上版本。

要在 CentOS 云服务器上安装 Python 3.6 以上版本，首先打开 Xshell 进入 CentOS 云服务器的命令行，要求用 root 用户进入。然后安装 Python 3.x 的编译相关工具。安装步骤如下。

1. 安装编译相关工具

```
yum -y groupinstall "Development tools"
yum -y install zlib-devel bzip2-devel openssl-devel ncurses-devel sqlite-devel readline-devel tk-devel
gdbm-devel db4-devel libpcap-devel xz-devel
yum install libffi-devel -y
```

2. 下载安装包解压

```
cd ~\      #回到用户目录
wget https://www.python.org/ftp/python/3.7.0/Python-3.7.0.tar.xz
tar -xvjf     Python-3.7.0.tar.xz
```

3. 编译安装

```
mkdir /usr/local/python3        #创建编译安装目录
cd Python-3.7.0
./configure --prefix=/usr/local/python3
```

make && make install

4. 创建软连接

ln -s /usr/local/python3/bin/python3 /usr/local/bin/python3

ln -s /usr/local/python3/bin/pip3 /usr/local/bin/pip3

5. 验证是否成功

python3 -V

pip3 -V

运行过程如图 21-6 所示。

```
[root@iz8vb62jf4kqs4kntbsis1z ~]# python3 -V
Python 3.6.6
[root@iz8vb62jf4kqs4kntbsis1z ~]# pip3 -V
pip 10.0.1 from /usr/local/python3/lib/python3.6/site-packages/pip (python 3.6)
[root@iz8vb62jf4kqs4kntbsis1z ~]# 
```

图 21-6　验证 Python 3 是否安装成功

21.4　Python 网络项目上传到 CentOS 云服务器

这一步也很简单，只需要使用 WinSCP 把本地的 Python 网络项目拖动复制到 CentOS 云服务器的某个文件夹中即可。需要注意的是，由于 CentOS 本身的安全规则，对于 Sanic 或 Flask 的 Web 项目中使用的 127.0.0.1 等的 IP 地址，建议改为图 21-2 中云服务器实例列表中后面标有（私有）字样的 IP 地址，即 CentOS 云服务器的内部 IP 地址。这样做的好处是不用再更改 CentOS 操作系统本身的安全规则了。

21.5　运行 Python 网络项目

这一步主要有两个问题，第一个问题，就是运行 Python 网络项目，这一步，只需要用 Xshell 等远程终端通过公网 IP 地址及用户名和密码，登录到 CentOS 云服务器，假如项目的主 py 文件的绝对路径为:/usr/local/project/manager.py，那么在命令行下输入：python3 /usr/local/project/manager.py & 即可。后面的&符号，是 Linux 的 shell 命令下的一个符号，含义是后台运行，即输入前面的命令，命令执行后，终端命令行依然可以输入别的命令，不用等前面的命令执行完毕。

第二个问题就是端口问题，阿里云为了安全，对外的端口默认都是封闭的，因此必须进入阿里云控制台中自己的云服务器实例中的安全中配置开放端口。如 Sanic 经常使用 8000 端口作为 Web 的端口，可以在阿里云中按照下面的步骤开放 8000 端口。

进入阿里云控制台，选择云服务器，单击“网络与安全”，进入安全组，第一次需要创建安全组，创建好以后配置规则。单击进入安全组后，出现类似于图 21-7 的安全组列表。单击图 21-7 中的红色椭圆圈起来的“配置规则”，进入安全组规则的配置。进入安全组规则后单击右上侧的蓝底白字的“创建安全组”按钮，出现图 21-8 界面。

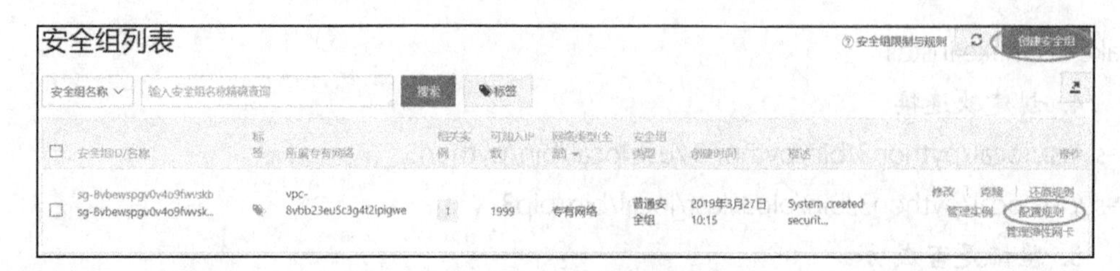

图 21-7　创建安全组和配置规则

图 21-8 就显示了如何添加 8000 端口的安全组规则。添加后，就可以通过 CentOS 云服务器的公网地址加端口 8000，通过 HTTP 协议访问部署在 CentOS 云服务器上的 Sanic 项目了。对于 Python 开发的 Socket 或 WebSocket 网络项目也一样添加相应的安全组规则即可。当然也可以直接添加 80 端口，这样访问所部署的 Web 的时候，就不需要输入端口了。

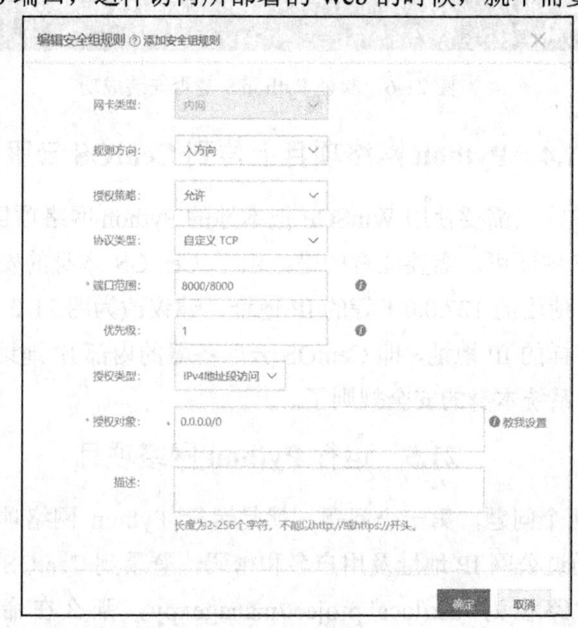

图 21-8　添加安全组规则

21.6　域名购买、解析与备案

在上网的时候，可以发现在浏览器地址栏中一般不会出现 IP 地址，而是使用域名。域名（domain name）是由一串用点分隔的字符组成的 Internet 上某一台计算机或计算机组的名称，用于在数据传输时标识计算机的方位（有时也指地理位置，有行政自主权的一个地方区域）。域名是一个 IP 地址上的“面具”。一个域名的目的是便于记忆和沟通一组服务器的地址（网站、电子邮件、FTP 等）。阿里云、腾讯云、华为云等都提供域名的注册、购买、售卖及域名的日常管理与安全。这里以阿里云为例介绍域名的购买与备案。

21.6.1　域名购买

在阿里云上购买域名，首先打开阿里云网站并登录，登录后自动进入首页，在首页中，可以看到上方标签目录栏中有个产品分类，将鼠标移动到产品分类标签上。在左侧菜单栏中单击企业应用，中间就可以看到“域名注册”，当然也可以直接在搜索框中输入域名注册，单击“域名注册”，进入图 21-9 域名注册网页。

在搜索框中输入自己想要注册或购买的域名，具体是什么就看个人喜好了。输入完成单击下侧的“立即查询”按钮。如果域名已经被注册，则显示已注册字样，可以通过阿里云协助购买。要是未注册，则直接显示未注册字样，一些域名已被注册，但是会被售卖，价格相对较高。如果觉得合适，就将域名加入清单中，这样右侧清单中就会显示自己刚刚选择的域名。单击“立即结算”按钮。这样，就到了交易界面，选择合适的域名年限后，将页面翻到最底部，单击“立即购买”按钮即可完成交易，这样域名就是自己的了。

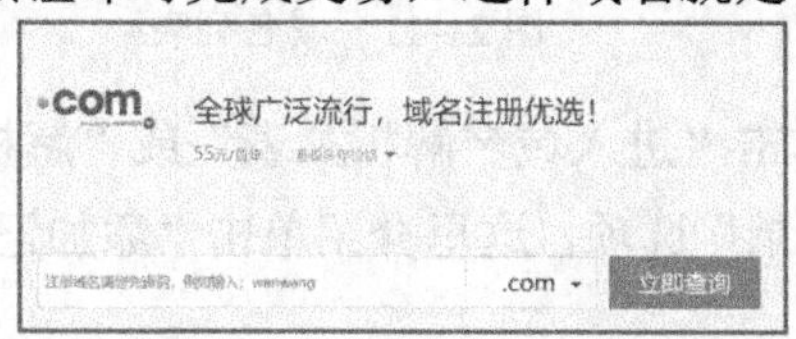

图 21-9　域名注册

21.6.2　域名解析

注册购买了域名，就可以把自己购买的域名解析到自己购买并已经部署好网络服务的云服务器上。具体解析的方法，下面以在阿里云购买了云服务器和域名为例介绍域名解析。

域名解析，首先要购买云服务器，其次要购买域名，这是前提条件。都购买之后，就可以解析域名了。为了简单起见，假定云服务器和域名都在阿里云购买。购买之后，任何时候，都可以进入阿里云首页，登录后，单击右上角的控制台，然后选择中间的域名（或单击左上角的橙底白色的三横，左侧出现菜单，选择域名），此时左侧出现类似于图 21-10 的菜单栏。单击域名列表，右侧会出现购买的域名的列表，如图 21-11 所示。

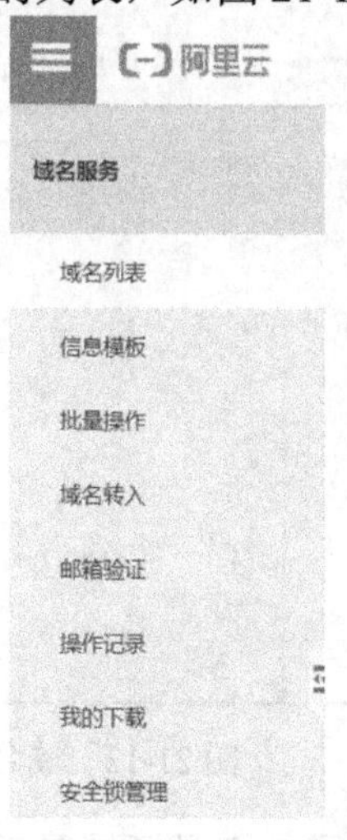

图 21-10　域名服务页面左侧菜单栏

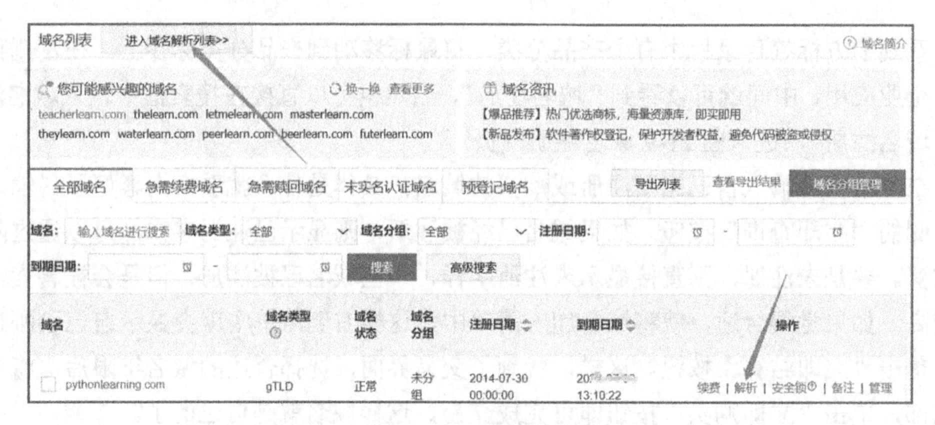

图 21-11　域名列表

在图 21-11 域名列表中单击“进入域名解析列表”或“解析”，进入域名解析设置页面，单击“新手引导”或“添加记录”选项，这里介绍单击“添加记录”选项，会弹出一个图 21-12 所示的域名解析对话框。

在域名解析对话框中，“记录类型”有很多种，初学者不必填，选择默认值即可，今后如果对域名解析有特殊要求的，可以进一步学习；“主机记录”最常用的是 www，当然大家也可以输入其他值；“解析线路”初学者也不必填，选择默认值即可；“记录值”就输入购买的云服务器的标有（公）的 IP 地址即可；TTL 初学者也不必填，选择默认值 10 即可。最后单击“确定”按钮，返回解析设置页面，这时输入的解析就会出现在解析列表中。

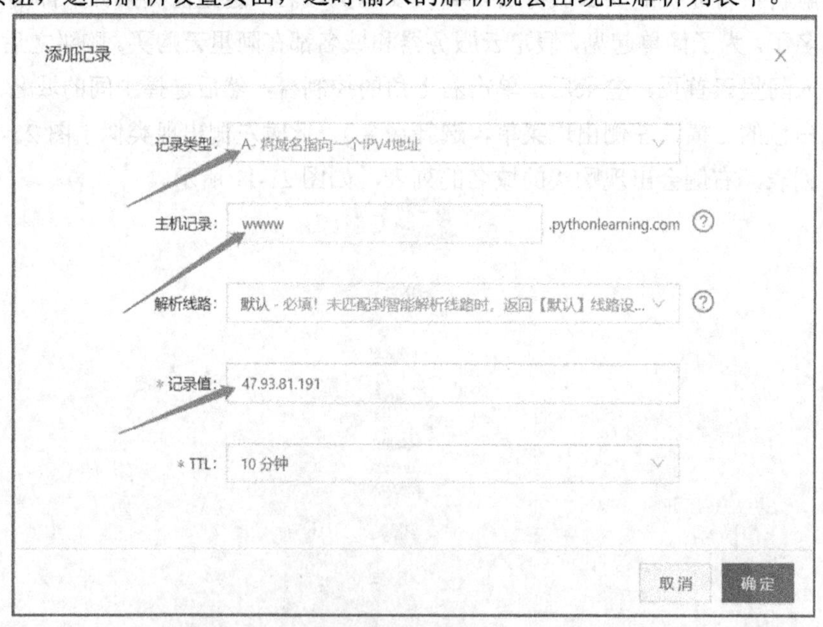

图 21-12　域名解析

至此，网站创建就基本上完成了，但是还缺最后一步，等待时间最久的一步，即域名的备案，下面详细介绍。

21.6.1　域名备案简介

注册购买了域名，并且解析到自己购买和部署好网络服务的云服务器上之后，在中国还是不能直接使用域名，因为根据中国的法律法规，还得域名备案。下面以阿里云域名备案为例，简单介绍一下如何备案域名，其他如腾讯云、华为云备案域名操作都差不多。

阿里云域名备案很简单，阿里云有专门的备案客服，登录到阿里云网站后，单击“备案导航”就可以开始备案了。不过在备案前，要先了解备案过程，整个备案过程可以分成两部分：备案前准备和具体的备案流程，阿里云域名备案过程具体流程如图 21-13 所示。

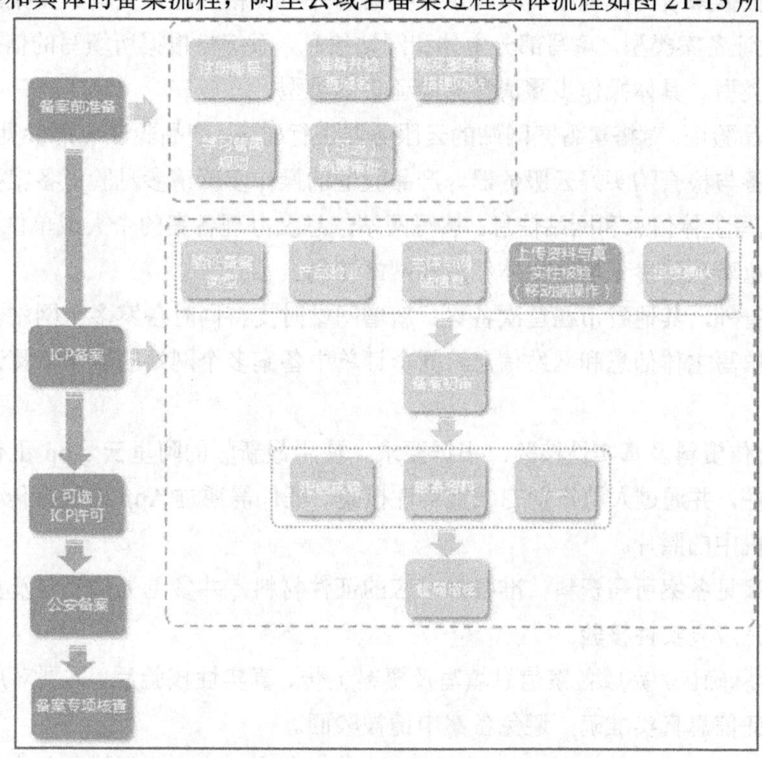

图 21-13　阿里云域名备案过程具体流程

下面以首次备案为例，对这两部分进行简单介绍。

1. 备案前准备

（1）注册账号。备案前需要拥有一个阿里云账号，请参见注册账号并登录备案系统，注册一个账号，用于备案申请和后续备案信息维护。

（2）域名准备。备案前需完成域名注册及实名认证，请参见网站域名准备与检查确认网站域名是否符合备案要求。

（3）服务器准备。购买阿里云大陆境内服务器，或者获取服务器的备案服务号，请参见备案服务器（接入信息）准备与检查网站托管服务器是否符合备案要求。

（4）前置审批（可选）。新闻类、出版类、药品和医疗器械类、文化类、广播电影电视节目类、教育类、医疗保健类、网络预约车、电子公告类行业的网站，需联系当地机关办理对应的前置审批手续。各类行业对应的办理机关及手续类型请参见前置审批。

（5）管局规则。了解学习所在地域的管局备案规则要求，根据管局要求准备 ICP 认证材料。

2. ICP 备案流程（首次备案）

ICP 备案主要核验三类信息：服务器及接入信息、网站信息、主体信息，因此 ICP 备案过程中需要根据系统的流程指引填写这三类信息并上传相关证件资料。备案流程如下。

（1）验证备案类型。填写部分主体和网站信息，系统将根据所填写的信息，自动验证要办理的备案类型。具体操作步骤请参见验证备案类型。

（2）产品验证。对搭建备案网站的云服务器进行验证。产品验证前请参见备案服务器（接入信息）准备与检查购买好云服务器。产品验证的操作步骤请参见验证备案类型。

（3）填写主体信息和网站信息。填写网站信息及办理备案的个人或单位的真实信息。填写参数及注意事项请参见填写主体信息和网站信息。

除湖北省外，其他省市在首次备案、新增网站时支持同时备案多个网站。各省市的支持情况请参见填写主体信息和网站信息，同个订单中备案多个网站的操作步骤请参见增加备案网站。

（4）上传资料及真实性核验。根据要求，使用最新版的阿里云 App 上传证件照片或证件彩色扫描件，并通过人脸识别完成真实性核验。证件需通过 App 拍照上传，暂不支持翻拍存储于计算机中的照片。

请提前参见备案所需资料，准备好对应的证件材料，并参见上传资料及真实性核验章节上传资料和完成真实性核验。

（5）信息确认。完成备案信息填写及资料上传、真实性核验后，需要对所有信息做最终确认，以保证信息真实准确，避免备案申请被驳回。

（6）备案初审。备案申请信息提交后，阿里云将在 1 个工作日进行初审。请保持备案信息中的联系电话畅通以便工作人员核实信息。

（7）邮寄资料。阿里云在进行备案信息初审过程中根据提交的资料及各地管局的要求，有可能需要按照系统指示邮寄资料至指定地点。

（8）短信核验。以下省（自治区、直辖市）的用户在阿里云备案平台提交备案申请后，需要完成短信核验。

- 2017 年 12 月 18 日起：天津、甘肃、西藏、宁夏、海南、新疆、青海被列为试点地区。
- 2018 年 9 月 10 日起：浙江、四川、福建、陕西、重庆、广西、云南被列为试点地区。

•2018 年 9 月 24 日起：山东、河南、安徽、湖南、山西、黑龙江、内蒙古、湖北被列为试点地区。

关于短信验证的说明：首次备案需验证主体负责人和网站负责人的手机号码，且验证码仅发送至备案信息中填写的联系方式 1 的手机号码。

若主体负责人与网站负责人为同一人（判断标准为手机号码），只发送一个验证码。若主体负责人与网站负责人为不同人（判断标准为手机号码），则每个手机号码发送一个验证码，两人均需完成验证。

短信验证完成后，备案申请流程自动提交至管局审核，在阿里云备案平台上暂时没有流程变更的提示，等待管局审核完成后，您会收到备案成功的短信、邮件提示，且在阿里云备案平台的备案状态会显示为正常。

（9）管局审核。初审完成后，阿里云备案审核专员会将备案申请转交至对应管局处做最终的管局审核。管局审核通过后备案即已完成，审核结果会发送短信、邮箱通知。

（10）ICP 备案进度及结果查询。备案申请信息成功提交至管局系统后，管局审核一般为 3~20 个工作日，可以随时登录阿里云备案系统查看备案进度。

习　题

应用题

1. 参照本章内容，登录注册阿里云或别的云，购买新手特惠云服务器，把前面几章中自己开发的项目部署到云服务器中。

2. 有兴趣的同学，请进一步学习域名申请、域名解析及 nginx 的使用。

参考文献

[1] Python 官方文档.Python 教程[EB/OL](2020-06-19）[2020-06-27] .https://docs.python.org/zh-cn/3.6/tutorial/index.html.

[2]王茂发. Python 语言基础教程[M]. 北京:北京师范大学出版社，2020.

[3]全国计算机等级考试考试二级 Python 语言程序设计考试大纲（2018 年版）[EB/OL] [2020-02-19] . http://ncre.neea.edu.cn/res/Home/1805/c707e8b7df16fc622921481aca19ed6a.pdf.

[4] Python 官方文档 .Python 标准库 [EB/OL] （ 2020-02-19 ） [2020-06-27] . https://docs.python.org/zh-cn/3.6/library/index.html.

[5] Python 官方文档 .Python 语言参考 [EB/OL] （ 2020-02-19 ） [2020-06-27].https://docs.python.org/zh-cn/3.6/reference/index.html.

[6] Requests 官方文档. Requests：让 HTTP 服务人类[EB/OL] （2020-02-19）[2020-06-27]. https://requests.readthedocs.io/zh_CN/latest/.

[7] Beautiful Soup 官方文档. Beautiful Soup 4.4.0 文档[EB/OL] （2020-03-10）[2020-06-27] .https://beautifulsoup.readthedocs.io/zh_CN/v4.4.0/.

[8] Django 官方文档 . Django 文档 [EB/OL] （ 2020-02-19 ） [2020-06-27]. https://docs.djangoproject.com/zh-hans/3.0/.

[9]Flask 官方文档. Flask：web development,one drop at a time[EB/OL] （2020-02-19）[2020-06-27] .https://flask.palletsprojects.com/en/1.1.x/.

[10]Sanic 官方文档. Sanic[EB/OL] （2020-02-19）[2020-06-27] . https://www.osgeo.cn/sanic/.

[11] Tornado 官方文档 .Tornado[EB/OL] （ 2020-02-19 ） [2020-06-27].https://www.tornadoweb.org/en/stable/.

[12] Peewee 官方文档 . Peewee[EB/OL] （ 2020-02-19 ） [2020-06-27].http://docs.peewee-orm.com/en/latest/.

[13] Jinja2 官方文档 .Jinja[EB/OL] （ 2020-02-19 ） [2020-06-27].https://jinja.palletsprojects.com/en/2.10.x/.

[14]阿里云官网.阿里云[EB/OL] （2020-02-19）[2020-06-27] . https://www.aliyun.com.